虽然不容易
但是没关系

肖雪萍 著

重庆出版集团 重庆出版社

图书在版编目（CIP）数据

虽然不容易，但是没关系 / 肖雪萍著．—重庆：重庆出版社，2021.12
ISBN 978-7-229-16087-6

Ⅰ.①虽… Ⅱ.①肖… Ⅲ.①心理学—通俗读物 Ⅳ.①B84-49

中国版本图书馆CIP数据核字（2021）第203285号

虽然不容易，但是没关系
SUIRAN BU RONGYI, DANSHI MEIGUANXI
肖雪萍 著

责任编辑：袁　宁
责任校对：何建云
装帧设计：彭平欣

重庆出版集团
重庆出版社　出版

重庆市南岸区南滨路162号1幢　邮政编码：400061　http://www.cqph.com
重庆出版社艺术设计有限公司制版
重庆市国丰印务有限责任公司印刷
重庆出版集团图书发行有限公司发行
E-MAIL:fxchu@cqph.com　邮购电话：023-61520646
全国新华书店经销

开本：890mm×1240mm　1/32　印张：8　字数：188千
2021年12月第1版　2021年12月第1次印刷
ISBN 978-7-229-16087-6
定价：48.00元

如有印装质量问题，请向本集团图书发行有限公司调换：023-61520678

版权所有　侵权必究

自序
虽然有点病,但没有关系

心理咨询师之间的聊天,经常是不知不觉就变成了病友交流会。这本书接近完结时,好朋友尚镕老师找我吃饭,聊着聊着,就说起他小时候常有的一个状态:恍惚之间突然意识到,自己正身处某个地方——比如操场——然后就开始回想:我什么时候来到了这里?是怎么走过来的?

然后他问我:你有过这样的经验吗?

我回答说,有的,而且还很经常。

我三岁的时候,做了能记得住的第一个梦:在我和父母住的房间里,一个穿着白色汗衫的巨人,背对着我,蹲在地上。我体验到一种矛盾冲突的情感:先是感到巨人很温柔,想爬到巨人的背上去玩耍,可是当我的手将要触到他时,却突然顿住,一种强烈的恐惧感袭击了我。我屏住呼吸,一动不动,防止巨人发现我的存在。

这个梦是说,在年幼的我的体验里,父母是温柔的,但也会突然变得可怕。为了得到安全和稳定的感觉,我早早学会隐藏真实的自己,逃入自我的内在世界。具体表现为:幻想地外和天外的生命,想象地球之外的世界,构思以自己为主人公的离奇故事。

我初中的英语老师姓黄,长得又高又瘦,戴黑边眼镜,还很年轻就长了满脸皱纹。黄老师屡次在课堂上叫我的名字，要求我站着听课。有一次，他生气地批评我："看你的样子，就知道你只有人在这儿，心早跑太平洋去了！"他的话让我满心感激，因为我感到被他看见，被他理解。自那之后，我给自己立了个规矩，上课时，人在，心也要在。

我学习了心理咨询之后才知道，这种在意识上进入另一个世界的能力，叫做解离。

解离，作为一种心理防御机制，有很多好处。

它曾经帮助我度过艰难的岁月。当父母看起来温柔平静的时候，我就适时接近他们，享受照顾和关爱。当他们情绪不稳定，看起来很可怕，我就跑到自己的内心世界遨游，把他们关在心墙之外。我的童年生活总体来说是孤独的，悲伤的，无聊乏味的，但我在无意中"发明"的解离能力，给每一天都染上了好看的颜色。因为我可以在想象的世界里，穿越到任意一个时空，遇到很多有趣的人，经历各种美妙的事。正是这个能力，让我在进入个人治疗之前，一直认为自己的童年和青少年时期过得非常幸福，"散发着温暖的橙色的光芒"，这是我学生时代写在日记里的一句话。

尚鎬老师说，他一直是生活的旁观者，通过思考和探寻世界的运作规律，来找到对外部环境的掌控感，正是这样的性格特质，促使他写了《非正常事件心理解析》那本书。

美国作家约翰·欧文在小说《绞河镇的最后一夜》中，借用主人公的口吻说道：作家需要具备的一个能力是，在悲伤的葬礼上，把自己从氛围和情绪中抽出来，观察和记录所有人的反应。

约翰·欧文说的这个能力，其实就是解离。事实上，很多作家、画家、诗人、雕塑家等从事文学和艺术类工作的人，可能都是使用解离的高手。因为，解离的明显特征之一，就是把自己和现实、情感隔离开，即在意识上把现实或情感变小，变弱，推远，仿佛现实里发生的事与自己无关。

这当然会带来一系列的麻烦，也就是说，解离的心理防御模式，也有很多坏处。

首先是现实感很弱，社会功能不够完善，对于处理金钱、管理、人情往来等日常事务感到困难（本书第三章里，我有进一步阐述解离的概念）。这就是很多艺术家虽然有才华，赚了很多钱，却仍然很贫穷的重要原因。

其次是感到自己与整个世界失去联系，精神上非常孤独，容易抑郁，情绪过敏，可能会表现得社会退缩，而这又会反过来加剧孤独和抑郁。

再次是可能过于关心名誉、认可、金钱、地位等虚幻的东西，对现实生活的乐趣视而不见，因而感到精神上的空虚和空洞，就像电影《心灵奇旅》的乔伊，《爆裂鼓手》的安德鲁那样。

认识到解离给自己带来的麻烦之后，我花了很长时间进行自我训练，跟自己的感受连接，聆听内心真实的声音，同时把更多的目光投向现实世界。几年后，我把自己的心得写成了《成长，长成自己》，后来的《不完美的美》和这本《虽然有病，但没关系》，则是我持续思考和自我训练的结晶。

随着专业的精进和阅历的增长，如今的我，比以往任何一个时期，都更了解人的心灵的运作规律，更洞悉集体潜意识和社会环境如何塑造人的心灵和行为。本书中提供的理念和方法，融合了精神分析、创伤治疗、完形治疗、客体关系、自体心理学、催眠等多个流派的理论，除了我自己亲测有效（我正是使用这些理念和方法来指导自己，让我的物质和心灵都很富足，所有的关系都能亲密而独立），还在我的咨询工作中被反复验证，是非常简单却又很容易操作的自我训练方法。我非常有信心，读者将通过阅读和使用本书，得到受益一生的心灵滋养，更深地理解自己，学会与各种困难的情绪共处，并最终达到提升身体免疫力的效果。

远在从事心理咨询工作之前，我就有写作的习惯，而且是个非常高产的作者。不止一位朋友问过我：为什么有那么多东西可以写。这是一个很复杂的问题，很难几句话说完。不妨借着这本书，一起来谈一谈吧。

解离的心理防御模式，让我时常感到孤独，而这些孤独感，很难通过一般性的社交得到疏解。写作，就成为我陪伴自己的一种方式，从自体心理学的角度来说，是满足了自体客体（即自我映照，类似于在浴室里唱歌的美妙感受）的需要。还是因为孤独，我养成了跟自己聊天的习惯，也就是心理学说的"自我对话"，比如我心里时常上演类似这样的对话：

"为什么刚才我有那样的想法？"

"那是我的小我的声音。小我特别想把事情做好，想要守规矩，想要得到这个世界的认同"。

"把事情做好，守规矩，和得到世界的认同之间，关系是什么？"

"这跟我的创伤无关,是集体潜意识里的东西,跟父权社会对女性的要求有关。不只是我,全球女性都会有一种感觉,我们如今得到的尊重、权利、在社会上的位置,并不是天然的,而是靠我们自己去争取来的,我们在无意识之中觉得,有必要努力保有所得到的东西,甚至是证明自己配得上这一切。"

当然,这是一个浓缩版的对话过程,事实上我可能用至少十分钟来思考某个事情的本质和意义。这样的思考和对话,让我心里总有大量的观点和想法,如果不把它们形成文字排泄出去,我很快就会被这些想法充满,除了心里会觉得憋闷,连生理上都会有沉重感。

写作,是我的心理需要,也是我疗愈自己的方式。

可以这么说,我的心理问题催生了我的写作能力,也带领我走上心理咨询师的职业道路,甚至连我的爱人和朋友,都是因为我的心理问题,才喜欢我,而后跟我在一起。

因为,是我的心理问题,让我成为我自己,一个独一无二的我,一个虽然有病,却一直好好活着,继续高高兴兴生活的人。

尚镕老师跟我说:认识你这么久,并没有觉得你也会使用解离模式。你把生活打理得很好啊!

我回答道,做了那么多修炼,还是有成效的。只是跟那些社会功能很好的朋友相比,还是差得远。比如我每年都会无可避免地干几件傻事,就像是潜意识要用这种方式提醒我,有些伤口,永远也好不了。毕竟,人格的底色在那里呢。

来吧,就让我们带"病"坚持生活,还把生活过得如花盛放吧!

目录
CONTENTS

自序

虽然有点病,但没有关系 / 001

Part 1

我们之于社会,
就像鲑鱼之于大海 / 001

△ 生而为人,我们天生害怕孤独 / 003
△ 把你的情绪装进我的心里 / 005
△ 来自基因的"全民创伤" / 007
△ 我说的话,没表达我的心 / 010
△ 看起来和他人一样,让我觉得安全 / 013
△ 个人习惯PK群体习俗 / 016

目 录

Part 2
当社会被撞击，
没有人能免于疼痛 / *019*

△ 极端的自我防御机制 / 021
△ 没有人是一座孤岛 / 023
△ 恐慌和不安全感：分不清现实和想象 / 026
△ 迷信、传谣和信谣：控制和被控制 / 028
△ 疑病、脆弱与羞耻：并不可耻且有用 / 030
△ 我怎么突然变弱了？ / 032

C O N T E N T S

Part 3
你不是失控，而是被激活了童年创伤 / *035*

△ 被"标签"的我们 / 037

好人 / 037

病人 / 039

烟民 / 041

洁癖者 / 043

邋遢鬼 / 045

直男癌 / 046

女强人 / 048

键盘侠 / 050

工作狂 / 051

变色龙 / 053

万年单身 / 055

社恐患者 / 057

△ 大家都有"病" / 059

嗜睡 / 061

拖延症 / 062

过度肥胖 / 064

厌食和暴食 / 066

沉迷和上瘾 / 068

追星和单恋 / 069

过度囤积 / 071

反复确认 / 073

贫穷泥沼 / 074

透支消费 / 076

炫富行为 / 077

目 录

Part 4
焦虑是因为
你在无意识地重复 / *079*

△ 人生剧本，在襁褓中就已书写 / 081
△ 职业选择：强迫性重复 / 085
△ 心理创伤造就独特的我 / 087
△ 告别"假快乐" / 089
△ 其实可以逆天改命 / 092
△ 羞耻感：身体和情绪之间的一堵墙 / 095
△ "耻感文化"阻碍你做自己 / 097

CONTENTS

Part 5
你最深的痛苦，来自羞耻感 / 101

△ 羞耻感让你逃避 / 103
△ 世人都讨厌"我不好"的感觉 / 105
△ 自卑，羞耻感的外衣 / 106
△ 你一点也不羞耻 / 108
△ 羞耻感让你否定自我 / 110
△ 强烈的羞耻感让潜意识"跳闸" / 112
△ 撕开羞耻感的外衣 / 113
△ 羞耻使人进步 / 116
△ 学会自我安慰，获得心灵自由 / 117

虽 然 不 容 易 ， 但 是 没 关 系

目　录

Part 6

心有多大，
才能坦然面对否定和质疑 / *119*

△认同自己,不认命 / 121
△我不懂七十二变 / 123
△是呀,这就是我 / 125
△读取身体的感觉 / 128
△你和感觉之间要留条缝隙 / 133
△坦然接受自己的欲望 / 136
△心理创伤不是你的错 / 140
△我们不一样,我们都很好 / 143
△同情并去爱曾经的自己 / 147
△送走坏情绪,留住好情绪 / 149
△虽然有病,但没关系 / 152
△自救的两种方式 / 154

C O N T E N T S

Part 7

**虽然有点难，
但没关系啊** / *165*

△ 痛苦无可避免,快乐可以制造 / 167
△ 允许自己好好哭一场 / 170
△ 远离不必要的负性刺激 / 173
△ 翻越困境的大山,追寻生命的意义 / 176
△ 死亡不可怕,焦虑才可怕 / 179
△ 学做不焦虑的自己 / 184
△ 变化无常才是生活的真相 / 187
△ 回归平静的自然疗法:冥想、针灸、太极拳 / 191
△ 想象力决定你的幸福能力 / 194

后记

写给勇敢生活的你 / *197*

心灵对话 / 001

Part 1

我们之于社会，
就像鲑鱼之于大海

我们人类也像鲑鱼一样，在父母身边长大，
而后投身社会的洪流，学习，工作，交友，
创造和体验自己的生活。
如果鲑鱼的洄游是悲壮激情的生命旅程，
那么我们人类的洄游则是爱恨交织的心灵轮转。

我们之于社会，
就像鲑鱼之于大海

鲑鱼，一种神奇的洄游生物。

它们在淡水中出生，长大后，顺流而下到大海里生活，待到生殖成熟期，又跋涉千里，溯游而上，回到出生的地方，产卵，然后死去，变成小鲑鱼的原初养料。将来有一天，受到神秘昭示的小鲑鱼，也会像先辈一样，义无反顾地重演那一切。

我们人类也像鲑鱼一样，在父母身边长大，而后投身社会的洪流，学习，工作，交友，创造和体验自己的生活。待到谈婚论嫁时，循着某种熟悉的味道，找到和父母相似的人，与之结婚，重温儿时原初的生命基调。

如果鲑鱼的洄游是悲壮激情的生命旅程，那么我们人类的洄游则是爱恨交织的心灵轮转。

△ 生而为人，我们天生害怕孤独

关于人类为何天生"光溜溜"，一直有各种猜想，至今也没有定论。有人说这是因为人类喜欢没有体毛的伴侣，也有人说甩掉体毛是为了减少寄生虫，还有比较开脑洞的观点——历史上的人类曾经住在大海里，甩掉体毛是为了减少阻力。

"散热说"是目前公认最有说服力的观点，这个观点认为，早期人类需要长时间奔跑捕猎，所以甩掉体毛，增加汗腺，更有利于生存。

无论真正的原因是什么，人类之所以是如今的模样，都是因为我们有长成这样的必要性。经过百万年的进化——基于世代先祖的共同需要——如今我们拥有一副堪称奇迹、构造复杂、精巧灵敏的身体。我们灵魂居住的躯壳如此复杂，以至于有人想象我们并非进化而来，而是被某个神秘的力量设计而成。而在我看来，那所谓神秘的力量，就是我们人类自身的潜意识——我们的身体和心理，确实经过刻意的设计，只不过，那个设计师正是人类自己。

身体的每一个部分都有它自己的智慧，绝不会无缘无故呈现某个样貌。作为潜意识和隐喻解读专家，我认为体毛的脱落，象征着先祖们放弃一部分自我的防御，勇敢地袒露脆弱，以便与他人连接。这是人类为了强化群居生活而做出的最优选择。因为人越脆弱，就越恐惧落单，越渴望和他人聚居在一起，以共同应对外部危险。

人类族群正是因为脆弱,才逐渐壮大为地球的霸主。这是多么神奇的因果关系啊!

我们需要爱,渴望被拥抱,恐惧被抛弃,都是被写在基因代码里的。这恐怕就是我们天生喜欢人群,渴望被他人认同和喜爱的原因,也是我们不自觉地模仿别人——看见别人打呵欠,自己也想打,听到别人笑,自己也想笑,看到别人悲伤,自己也落泪,听说别人买房买车,自己也想买的原因。

科学家们认为,这种不自觉地模仿他人的特性,是大脑里的镜像神经元细胞在发挥作用。镜像神经元是近些年来认知神经科学研究的热点,目前还有很多有待进一步发现的部分,但科学家们的共识是,人类的认知能力、模仿能力、共情能力都建立在镜像神经元的功能上,甚至有人认为,镜像神经元细胞之于心理学,就像DNA之于生物学。

那么问题就来了。

如果说我们的身心设计都是基于自身的需要,人类究竟为何需要镜像神经元?尤其是,模仿他人(和别人一样)的能力对人类来说,究竟意味着什么?

△ 把你的情绪装进我的心里

"讲完这些之后,你此刻的感觉是怎样的?身体如何?情绪如何?"

这是我在咨询中常问来访者的一句话。

来访者可能会说,他感到胸口发闷,或头疼头晕,或浑身流汗,或周身僵硬;他们还可能会说,此刻感到又伤心又委屈,还会有一些愤怒;但他们也可能会说,身体和心里都是一片空白,感觉不到什么东西。对于后者,我通常会聚焦一下自己的感觉,然后告诉他们,我倒是体验到了一些感觉,而我认为这可能与他有关。大部分时候,我对自己感觉的分享,都能令来访者有所触动,能让他们尝试去进入自己的感觉。

曾经有来访者惊奇地问:"我一直知道,我和我的心之间有一堵厚厚的墙,所以我感觉总是木木的。你是怎么穿透这个墙感受到我的呢?"我忘了自己当时说了什么,但肯定没讲镜像神经元细胞如何把我们连接在一起。人和人之间的非语言交流——态度、想法、情绪、情感、意图等,都是建立在镜像神经元的生物基础之上。

我们大脑里的镜像神经元细胞,主要用于储存某些特定的行为模式,让我们在看到、听到、想到别人的动作时,也本能地做出相似的反应。在镜像神经元细胞的活动下,我们可以对他人感同身受,只通过间接的体验——阅读、听音乐和看电影——就能被调动起相应的情绪和身体感觉(比如,明知道动画人物是虚构的，但你依然会为主人公的遭遇而流泪）。

　　因为镜像神经元细胞的作用，我们甚至会把别人的想法和情绪装进自己的心里，并相信那就是自己的心理内容。没有受过专业训练的普通人，可能很难想象这样的心理现象——人们会替悲伤的父母流眼泪，会替焦虑的伴侣烦躁不安，也会通过抱怨父母或伴侣来"加强"情感上的联系——前者把别人的情绪当成自己的，后者则把自己的情绪丢给别人。通过这种情绪共享（感同身受）的方式，人们不再是单独的个体，而是变成休戚与共的整体。

　　如果脱落浓密的皮毛，是为了加强族群连接，那么先祖们设计出镜像神经元细胞，也是一样的目的：无论在生理还是心理的层面，人类族群都天然地向往、擅长、依赖群体生活。镜像神经元细胞让我们快速而又准确地解读他人的意图和情绪，并调整自身的状态予以回应（心理创伤会损伤这个能力，带来一系列现实、心理和关系的困难），这有助于群体凝聚在一起，发展出深切亲近的情感联系，从而齐心协力地应对外敌入侵和自然灾害，这恐怕就是人类族群壮大至今的根本原因。

　　听起来很美好对不对？可是真相和想象，就像普通相机和美图秀秀的距离。我曾经说过"优点和缺点是孪生兄弟"的观点，那么镜像神经元细胞也是这种一体两面的存在：它为我们提供与群体间生物、情感、社会的连接，但也为我们感知自己、成为自己、作出选择等带来诸多困难。

△ 来自基因的"全民创伤"

虽说在身体的构造上，所有人都因镜像神经元细胞而能够进行非语言的交流，但中国人和其他国家的人，在思维模式、处事风格、生活态度等方面，依然有着明显差异。往小一点说，我国疆域辽阔，造就的历史和文化丰富多样，因此，不同省份的人在性格特质、生活习惯、语言风格等方面也有诸多不同。

"一方水土养一方人"，除了是一句俗语，还蕴含着不同的历史、文化、社会、语言等内涵。我们的思想、意识和精神，除了建基于生物基因，还深受地理环境，以及与地理环境息息相关的历史和文化传统的影响。

人类的进化和历史，本质上就是适应和改造自然环境的过程。如果说农业社会的人们热爱土地，致力于各种农业生产，那么滨海地带的人们就热爱海洋，大力发展渔业、盐业、海洋交通和海外联系。在这个适应和改造的过程中，生活在不同地域环境的人，自然也形成了相应的文化、思想、精神、规则乃至文字和语言。可以这么说，不同的地理环境和物质条件，让全世界的人拥有形态各异的生活方式和思想观念。

毋庸置疑的是，生产力越落后的地区，利用和改造自然环境的能力就越弱，对集体和环境的依赖程度也越高，就越容易受到周围环境的影响，换种说法就是，人们不断地调整自己，以便更好地适应环境并和环境趋同。或许这也可以解释，落后地区的人为何更在意别人的看法，更渴望"和别人一样"，更在意"面子"了。

经历了漫长的农业文明之后，我们早已走过了工业文明，实实在在地生活在信息文明里，甚至已经能望见智能文明的大门。然而在思想和意识的层面，却有一种仍然生活在农业文明社会中的感觉。这是一种与现实不符的感觉，却让很多人难以尊重自己的独特性，极度渴望他人的认同，通过模仿他人的行为和选择来寻找心理上的安全感和价值感。就像一个成年人，某部分的记忆却停留在童年时期，绝对认同过去的经验和感觉，以致无法调动当下的能力和资源去创造自由自主的生活图景。

2020年初夏，我曾在一天之内接到两通电话，分别来自一位长辈和一个朋友。他们一会儿扮作三农专家口吻，一会儿又变身医疗专家，大谈国家的粮食政策和疫情势态，然后认真地建议我，赶快买一些大米囤起来。我对长辈表示了感谢，却跟朋友聊了一会儿。我问她，为什么会相信这种说法。她大约是听出了我的质疑，静下来想了一会儿，情绪能量立刻降下大半。朋友告诉我，她先是被一个朋友"好心"提醒，然后就给父母打电话讲这件事，父母有些慌，放下电话就往超市跑，到超市一看，发现收银台很多人排队在买大米。父母转头又打电话给她，报告所见所闻。她立刻就神经紧张起来，认为事情是真的，就开始挨个儿给朋友们打电话，我就是其中之一。

当人们被焦虑和不安全充满，会本能地渴望回到群体中，找到可信任和依赖的人，诉说自己的经历，表达自己的感受，以缓解那些难以忍受的情绪体验（出于自尊的需要，有些人会把求救包装成善意的建议）。当别人认同了我们的感觉，甚至通过眼神、表情和身体语言与我们的感觉同步，甚至模仿我们的行为，我们会感到自己被安抚。但是在这个讲述和传播的过程中，可能会被加入幻想的成分，导致情绪被夸大，严重脱离现实，让人们进入集体创伤的状态。

这种类似"全民创伤"的现象，一方面是镜像神经元细胞的影响（我们的生物基因被设计了模仿他人的程序），也受到后天的文化基因的影响（我们的文化建基于农业文明），还和我们所使用的语言文字有关。

虽然不容易，但是没关系

△ 我说的话，没表达我的心

30岁的任武讲了一个非常具有诗意的梦。

梦里他还是十二三岁的少年，正和爷爷在农田耕种。爷爷赶着牛，在前面拉犁，他扶着犁，在后面犁地。磨得锃亮的铁犁，翻出带着湿气的黑色泥土，肥沃的黑土地。这时候他一抬头，发现天上正在下诗，一片一片的诗，飘飘洒洒地落到他的头上，肩上，落到黑土地上，又被泥土卷裹到地里。

"我伸手接了几片诗，一个一个的文字！"他带着陶醉的神情，喃喃自语，仿佛又回到那神奇的梦境里。

人的梦境，除了和自身的潜意识有关（反映梦者的思想和内心体验），有时候还蕴含着集体潜意识的精华，偶尔还会有超出人类经验的内容。这是一个文学的梦，一个哲学的梦，也是一个集体潜意识的梦。

一片片来自远古的语言和文字，携带着祖先的精神基因，飘洒到头上，又种到黑土地里，成为粮食的肥料，化作精神的秧苗，最终入驻到我们的身体、心灵和思想的无意识中。这个梦境的主人公任武觉得，他是生活在语言和文字里的，他被祖先创造的语言和文字影响着，塑造着。在我看来，其他人也是一样。

在我们出生之前，山川湖海、大树花朵、鱼鸟蛇虫，都已在地球生活许久许久，作为一种古老的符号系统，人类使用语言和文字，也以歌谣、典故、书法、戏剧等形式流传了几千乃至上万年。当我们离开母亲的子宫,来到物质世界的同时,也游进了语言和文字的海洋,闻着气味,品着味道,辨认文字和语言的意义,学习和使用它们,和他人建立联系,找到在社会上的位置。

但整个过程远非文字所述的这么简单。关于我们的生活,我们的思想,我们的内心,假若语言和文字能够承载一半的内容,就已经很了不起了(所以才有专门的修辞学、文法学等学科,好让我们学会更准确的表达)。法国精神病学专家、精神分析家拉康认为,我们说出的话,永远不可能准确地表达自己的意思,他甚至把语言视为"对物和人的杀戮"。

拉康认为,人类的语言文字和电脑病毒有某种相似之处:它们都有遗传、变异和进化的能力,都具有很强的传播性、隐蔽性和感染性,都有默默潜伏的特点,都会被某些偶然因素所激发,都对操作系统具有一定的破坏性——社会关于好坏、美丑、对错的规则,早在我们发展出自我意识之前,就已经通过语言和文字强行植入潜意识深处,它们代表的象征性概念、价值和意义,在不知不觉之中,对我们的思想、行为和感知系统形成控制力,筑起束缚思想和心灵的藩篱,让我们在一定程度上失去自主权。古代的乡约、祖训、家规,对于男人和女人"应该怎样"的约定俗成,对于性的态度和观念,就属于这样一种存在。

由于深知语言和文字对自我潜意识的影响力,每当我听到来访者用某个语汇来形容自己,总会进一步追问,在他的理解里,那个词具体指的是什么。比如爱情,不同的人会有不同的理解。有些人认为,爱情是对方为他付出金钱和时间,对他进行无微不至的照顾;另一些人认为,爱情是自己强烈地想要为对方付出一切,忘了自己,与对方合二为一;还有一些人理解的爱情则是对方向自己敞开心扉,信任他就像信任自己,无所保留地分享所思所想。

△ 看起来和他人一样，让我觉得安全

1894年，美国传教士阿瑟·史密斯来到中国，之后写了一本书叫《中国人的性格》，据说是世界上最早研究中国民族性的著作。在这本书里，表述了中国人的优点，但更多的是负面特性，比如麻木不仁、缺乏诚信、互相猜疑、没有同情心等等，据说当时无论是国内还是国外，都被这本书的观察和总结深深震动。辜鸿铭对此做出一个较为中肯的评价，他说："那个可敬的阿瑟·史密斯先生，曾著过一本关于中国人特性的书，但他却不了解真正的中国人，因为作为一个美国人，他不够深沉。"

辜鸿铭所说的"不够深沉"，其实意指阿瑟·史密斯的片面性。他作为外来者，并不能理解中国人呈现某些行为和性格上特质的原因。19世纪末的中国底层人民在非常恶劣的政治、社会和自然环境中，过着朝不保夕、随时殒命的生活，所谓的麻木不仁，其实是求生本能作出的适应性调整——在身体殒灭和精神麻木之间，选择后者，起码能保障后代繁衍。

社会适应能力是现代社会评估一个人心理健康度的重要指标，但是在19世纪末的中国，社会适应能力却是关乎生死的重要能力。

所有的人——无论生活在什么时代——都必须根据社会的需要来调整自己，遵守固有的道德规范和法律法规，用社会许可的方式满足自己的欲望和需求，否则就可能失去社会身份（出轨可能会导致离婚），失去自由（犯罪会被关进监狱），乃至失去生命

虽然不容易，但是没关系

（危险驾驶可能致命）。

　　我们适应社会的方式还包括：
　　1.拥有社会需要的职业技能；
　　2.呈现社会认可的素质品质；
　　3.懂得如何与他人交流和合作；
　　4.去做社会认为"对"和"好"的行为。
　　要获取相应的社会资本，实现个人的目标和价值，上述几条都是非常有必要的做法。
　　这个适应社会的过程是我们被社会塑造的过程，也可以说是我们主动向社会靠拢的过程。无论我们如何定义这个过程，有一个事实毋庸置疑：所谓的社会化，其实就是让自己看起来和别人一样。古人语："非我族类，其心必异"，虽说过于武断，却也能从一个侧面道出人的天性中，就是排斥和自己不同的人。如果说古人排斥异族，是考虑到部族的人身安全，那么现代人排斥异己，则是为了心理上的安全。无论是生物基因的设计，还是社会期待的原因，人在潜意识里就是要和他人趋同。
　　那么，在趋同社会和自我需求之间，人们是如何找到平衡的呢？
　　孙隆基在《中国文化的深层结构》中，详尽描述了中国人如何用两套不同的标准对待外人和自己人，在两套标准之间切换得灵活自如，在繁杂的人情世故中左右逢源，既没有挑战社会规则，又满足了个人小欲望，真是一种神奇的本领！在行文表达中，孙隆基对此隐约表达了否定的态度，甚至透出某种深恶痛绝的意味。但在我看来，作为没有长时间在祖国大陆生活的中国人，他确实无法理解，那其实是一种精妙的生存智慧，也可以说是社会化程度较高的表现。一个社会化程度较高的人，在社会生活中会感觉更加自如，因为他熟练掌握了社会所需的技能——除了谋生技能，还有人际技能，顺应社会标准的技能，调动和使用社会资源的技能。

有着悠久历史的中国社会，各种各样的文化和思潮融汇在一起，导致我们对同一个现象总有截然相反却又逻辑自洽的观点。比如，"人心隔肚皮"和"日久见人心"，"金钱不是万能的"和"有钱能使鬼推磨"，"好马不吃回头草"和"浪子回头金不换"等等。如此复杂的社会规则，不但要能准确理解，还要能举一反三，随时整合变化，并不是那么简单的事，大部分中国人却能很好地掌握和使用，其实是非常了不起的能力。

然而，物极必反。

当一个人过于适应社会，可能就会弄丢了自己。这也是很多人不知道自己到底喜欢什么、想要什么的原因。当我们忙着追求社会认为"好"和"对"的东西，忙着把自己变得和他人一样，确实会不知不觉中忘了自己是谁，失去了和自我内心的联系。这是很多人总是那么焦虑，那么急匆匆，无法安于当下的根本原因。

虽然不容易，但是没关系

△ 个人习惯PK群体习俗

有一天傍晚，我和八岁的儿子在河边散步。他忽然问我："为什么我和爸爸姓何，你姓肖？是不是如果生了男孩，就随爸爸的姓，生了女孩，就随妈妈的姓？"

我答道："也有人随妈妈的姓，但那是少数人。大部分人，不管男孩还是女孩，都随爸爸的姓。"

"为什么？"他停下脚步，天真地看着我。

"这是从古代延续下来的习惯。在古代的时候，所有孩子都随爸爸的姓，然后一直延续到现在。"

"为什么呢？"

"古代的社会跟我们现在不一样。那时候男人是女人的领导，在一个团队里，肯定是领导说了算嘛。男人作为领导，就规定有了孩子，得跟男人的姓。"

孩子扑闪着眼睛看我，似乎认定我还有更多答案。我想了想，又补充道："现在的社会，男人早就不是女人的领导了，男人和女人的地位是平等的，但大家觉得没必要去改一个延续几千年的习惯。一方面是改变习惯很麻烦，不过最主要的还是，无论孩子随谁的姓，都不影响爸爸妈妈爱他啊！"

他终于感到满意，蹦蹦跳跳往前跑去。

习惯这个东西，确实很有意思。一件事做久了，就成了习惯，一个规矩执行久了，就成了习俗。习惯属于个人，习俗属于群体。哪怕并不理解某个习俗的意义，人们也还是会循着惯性去执行它，就像潜意识里镌刻了内置程序一般。也许有些人并没细想过"为何随父姓"的问题，但因为这是约定俗成的习惯，所以我们在给孩子取名字时，就自然地冠以父姓。

我们如此认同习惯和习俗，是因为这能给我们带来秩序感，而秩序可以提供稳定感和安全感。用习惯和习俗构成的秩序感，是人类文明发展的基础。纵观人类的历史进程，无论古今中外，文明总是兴起于秩序井然，毁灭于战争乱世。

世界的本质是混乱和无序的。为了更好地生存——包括身体和精神两个层面——人类努力发明用以改造环境的技术，以便找到和规范尽量多的秩序。

我们为天地自然命名，区分春夏秋冬，发明了时间的概念，研究数学、物理、化学和天文地理，我们还规定了男人和女人的角色形象，发明了婚姻和家庭的概念，从政治、法律、道德、文化、社会、生物、心理等各个层面，为人们指引思考和行为的方向，我们甚至通过考古去探索世界的发展规律。我们用各种方式，把生活简化成习惯（冬天要穿棉衣御寒）和习俗（春节用来走亲访友），这不但让我们感到稳定和安全，还能节约时间和精力（有了习惯和习俗，无须思考试错，就能顺利应对很多事），用于发展和创造。

任何事物都有一体两面的特性。

习惯和习俗，为我们创造了秩序，却同时又成为束缚我们的无形枷锁。我们会从法律法规和道德风俗上感受到束缚，因为那是社会加诸给我们的东西。然而我们很少能感觉到，个人在不知

虽然不容易，但是没关系

不觉中养成的习惯——尤其是潜意识的习惯——如何束缚了自己的心智和眼睛，让我们变成无意识的代理人，而不是拥有自主意志的个体。我们尤其不容易感觉到，身为普通人，对社会高度依赖的普通人，如何在不知不觉中——或被动或主动——受到社会的影响，以及，当社会发生未知的变化时，我们如何沉浮其中，去寻找属于自己的选择，抓住属于自己的幸福呢？

Part 2

当社会被撞击，没有人能免于疼痛

突发事件也可能成为触发人们童年创伤的按钮，那些平时看起来很健康的人，会突然表现出创伤性的心理和行为反应。

当社会被撞击，
没有人能免于疼痛

　　人和社会的关系，就像小树之于森林。当风暴来临，我们要和其他树木拥抱取暖，更要加强自身的力量，因为谁也不知道这场风暴过后，下一场风暴将是怎样的，以及什么时候来临。

　　2020年突发的疫情对人类社会进行了无差别攻击。人类社会包含的基本元素——国家、民族、制度、阶层、文化等等——在病毒面前都失去了意义。无论是大富豪，还是流浪汉，面对病毒，人人平等。

　　疫情带来的改变和影响，可能会打破原本能自我平衡的心理和人际系统，比如下一章即将谈到的人群——变色龙们不得不长期待在固定的地方，键盘侠们会愤怒地感到所有人都不负责任，失眠症患者的焦虑、恐惧和自我冲突会加重，有些人的沉迷和上瘾行为可能会增多……尤其值得关注的是，类似的突发事件也可能成为触发人们童年创伤的按钮，那些平时看起来很健康的人，会突然表现出创伤性的心理和行为反应。

　　了解相关的心理学知识，有助于人们自我对照，及时自助，为身边的人提供相应的支持。

△ 极端的自我防御机制

对于未知和不确定，不同的人有不同的感觉。有些人觉得那是新鲜、神秘、令人期待和兴奋的，另外一些人却觉得那是焦虑、恐惧，是可怕的、充满危险的事物。对后一种人来说，长时间处于未知和不确定中，就会放大焦虑和恐惧，因为人有强大的想象力；为寻求安全感，这些人会不自觉地思考和危险源有关的事，思考的内容则无法自控地放大危害的程度，使得大脑无法区分真实和想象，从而产生了一种危险正在发生的真实体验，最终导致他们表现出应激性心理障碍的症状。

应激性心理障碍，其实就是一组生理和心理症状的统称。

当一个人遭遇自身无法掌控的危险，如地震、海啸、车祸、丧亲等重大创伤事件时，就可能出现应激性心理障碍。陷入应激性心理障碍的人，会有一种"虽然醒着，却感觉迷迷糊糊"的自我状态，可能在熟悉的地方迷路，失去基本的方向感，那么他自然就会对自己感到困惑，说不清自己的想法和感觉，甚至无法对一些简单的事情做决定。有些人还会无法自控地去想令自己害怕的事，比如脑子里被疫情有关的事充满，很长时间都无法停止思考。还有些人会过于敏感多疑，甚至非常偏执，比如夸大问题的严重性，坚信某些流言就是真的。

有些人会因此变得容易被激惹，情绪极端不稳定，仿佛一阵微风吹过都能触怒到他，让他感到被侵害；另一些人则相反，他们会变得麻木，对他人和周围环境都漠不关心，把自己变成透明人，仿佛不存在一般。无论人们如何体验自己的情绪——被淹没或隔离——都可能伴随生理上的不适症状，比如心跳过快、视力模糊、出汗、发冷、头疼、抽搐等。

如果能及时进行自我调节，有些应激性心理障碍会随着时间的流逝，症状慢慢减轻或消失；但有一些人会转成复杂的创伤后应激障碍，上述症状会迁延数月乃至数年，严重影响身体和心理健康，甚至还会泛化到人际关系和工作生活的困境之中。

△ 没有人是一座孤岛

作为群体中的一员，我们不可避免地受到他人和环境的影响。

戏曲表演、舞台剧和影视剧之所以让我们跟着哭，跟着笑，跟着忧愁和叹息，一方面是我们大脑的抽象思维能力会不自觉地以自己的体验为基础，理解外界信息所包含的隐喻和暗示内容。比如戏曲人物作出双手前推动作，我们会知道他在开门；比如电影人物背向观众奔跑，镜头晃动，配以急促的音乐，哪怕画面里没有第二个人，我们也知道他正在被追赶，他在逃跑。

另一方面，当演员在表演时，人物的表情、身体语言、眼神等非语言信息，会在镜像神经元细胞的作用下，随着语言一起潜入我们的无意识，让我们不自觉地调动自己的感觉，去模仿他，让自己的状态与他相匹配。这就是表演艺术强调"真听、真看、真感受"的原因，只有当演员与角色融为一体，才能把角色的情感准确地传递给观众，带领观众进入角色的内心世界。

在心理咨询领域，我们把这个现象叫作"具身"，即来访者的情绪感觉和生理体验，共感在心理咨询师身上。我能在咨询中感知到来访者的感觉，并不是因为我有多么神奇的能力，事实上，这种现象在所有人际关系中——亲戚朋友、同事邻居、爱人孩子等——都有存在，只是没有经过训练的人，难以识别这种现象，也无法通过言语对此进行工作。

有生活经验的人都知道，我们的情绪会被他人感染。常和悲观抑郁的人在一起，自己也会不自觉地变得悲观抑郁，如果看到别人因为病痛而呻吟不止，自己也会变得浑身难受。当然还有相反的情况，原本自己感觉烦恼忧愁，可是看到身边人平静喜悦的样子，那些烦恼顿时也消散，感觉心里轻松多了。

在新冠疫情刚暴发期间，所有的媒体平台——官方媒体、自媒体、微信朋友圈——都在谈论相关信息，有人因新冠肺炎去世了，医护人员物资紧缺了，走亲访友却被隔离了，父母和孩子无法相见了等等。这个过程中，官方媒体在报告新闻，有些自媒体却是渲染细节和情绪性的表达。后者的讲述方式，极易导致人们发生具身现象：对别人的痛苦感同身受，仿佛自己也正身处风暴中心，陷入惊恐、无助和极度的悲伤之中，就像是在代替别人去体验创伤。

替代性创伤，最初用来形容心理工作者，因长期接触创伤来访者，导致自己也被创伤，呈现和病人类似的症状（所以心理咨询师都被鼓励去做长期的个人治疗）。后来研究者发现，替代性创伤的现象会发生在很多人身上。采访过残忍屠杀场面的记者，代理被残酷虐待的当事人的律师，照顾被可怕病痛折磨的病人的护士，耳闻目睹他人惨遭迫害的普通人，都可能出现替代性创伤的情况。

<mark>每一个人都可能被他人的创伤激活自己的创伤记忆，因为超过80%的人在儿童时代，都遭遇过或大或小的心理创伤。</mark>作为心理工作者，我了解镜像神经元细胞不受个人意志掌控的特点，也深知替代性创伤的威力，所以在新冠疫情期间，一直少看自媒体的疫情评述，只关注官媒的情况通报，在日常生活中，对那些违

反人伦、过于特异或伤害性的新闻，也不会去关注细节，甚至避免观赏太过暴力、残忍、恐怖的影视剧。

在如今这个信息爆炸、价值观多元的时代，我认为所有人都该认识到，主动保护自己心理健康的重要性。

△ 恐慌和不安全感：分不清现实和想象

如果三千年前的古人穿越到现代社会，他初时肯定会以为现代人都是神仙。因为现代人能飞在高空，能潜入地下，能预测天气变化，能隔空对话，还能操控室内的温度变化。但过不了几天，穿越而来的古人就会发现，这些看似有超能力的现代人其实跟他没有什么区别，一样要吃饭排泄，一样怕冷又怕热，一样会生老病死，面对天灾和疫病时也一样的脆弱无助。现代人那些上天入地的本领，只不过是仰赖了种种机器，而不是自身真的有多强大。

我们常常试图通过创造一种新体验去代替某些不想要的感觉。就像我们发明创造机器工具是为了掩饰自己的虚弱，以及因虚弱而来的恐惧和不安全感。某种程度上来说，我们已经做到了。

当我们把成语"人定胜天"里的"天"，错误地理解为自然环境时，俨然已经忘记了自己的虚弱本质，真的以为自己变成了世界的中心。一场新冠疫情，打破了人类的自恋幻象，所有人都意识到，我们并没有自己以为的那么强大，我们的科技能力，远远落后于病毒进化的速度。就个体的攻击力和抵御力来说，如今的现代人和三千年前的古人并没有太大差别。

当社会遭遇未知的、不确定的、暂时无法有效控制的危险时，所有人都会感到恐慌和不安，因为我们将不得不与失控感共处。在感到不安全时，人的本能就是和他人在一起，然而城市生活的特性，又让我们难以在物理上与他人靠近，于是人们会开始沉浸在社交媒体中，以便与他人进行连接。比如在新冠疫情期间，有些人会强迫性地阅读和疫情有关的所有资讯，每隔几分钟就要刷新一次，看看是否有最新报道，试图通过了解所有信息找到心理上的控制感和安全感。而另一些人选择不停转发和疫情有关的文章，在朋友圈刷屏，这种做法除了通过"做点什么"来释放焦虑和恐慌情绪外，还有点为抗疫贡献力量（感觉提供了资讯）的意味，通过好友的点赞和评论，找到某种自我价值的感觉。

在咨询室里，我常常提醒来访者："你感到恐惧和不安全，并不意味着你就变成了恐惧、不安全的人。你需要慢慢学会把你的感觉和你这个人本身区分开。"

很多人都会过度认同自己的感觉，把心理的感受等同于现实中已经发生的事情，以致被情绪淹没，做出某些不理性的行动和选择。比如新冠疫情期间，有些人在恐慌之下过于夸大新冠病毒的危害性，发表各种不理性的言论，或者变得"社会退缩"，把自己之外的所有人都视为危险人物等等。如果我们能对自身的心理状态有所觉知，就能大大提高调节自己情绪的能力。

△迷信、传谣和信谣：控制和被控制

假若社会上发生了威胁到群体安全感的事，人们对此又毫无办法，除了可能产生应激性心理障碍、陷入因不确定带来的失控和不安全感外，有些人还会在恐慌之下迷信某些违背科学常识的所谓药方，比如认为板蓝根、白醋、大蒜可以治病驱瘟，甚至有人相信，如果做了某些事就可以让神仙显灵，终止可怕的危险，拯救恐惧无助的世人。

这些想法虽然很荒诞魔幻，但从心理健康的角度来说却有着积极的意义。

人在面临危险时，本能的反应是逃跑或者战斗，如果二者都做不到时，就会进入"装死模式"来逃避无能为力的恐惧感。新冠疫情初期，人们对病毒缺少基本的了解，媒体一说病毒可以"气溶胶"传播，人们立刻就陷入了恐慌，因为如果病毒可以通过空气来传播（后来我们才知道气溶胶和空气是两回事），那就意味着人们根本逃无可逃，因为人不可能不呼吸。在无法逃跑的情况下，如果说产生应激性心理障碍是"装死模式"，那么迷信某些做法可以治病就是"战斗模式"。虽然这种"战斗模式"是徒劳的，也有些好笑，但可以让人们找到心理上的安全感，产生一种"我正在控制局面"的感觉。

在新冠疫情初期，有人散播各种谣言，诸如国家要放弃武汉人、将要飞机撒药抗疫、国家粮食储备不足等等。关于谣言，无论是传播者还是相信者，都和人们自身的性格、心理状态、心理需求等息息相关。热衷传播谣言的人，通常都有渴望被关注的心理需求，他们当然知道自己提供的信息根本就未经证实，但他们享受在听众面前扮演"先知"的优越感，所以深信信息的真实性，因为那可以给自己无聊乏味的生活增添活力。

那些极度缺乏安全感的人会很容易相信谣言。即便在平常的日子里，他们的内心也时常被大量的恐惧充满，这让他们的焦虑值时常爆表。若社会环境处于不确定的危险中，他们的不安全感会进一步加重，恐惧和焦虑情绪也会更加强烈。这让他们的自我变得更加脆弱，哪怕谣言有明显的漏洞，也会被他们"如果这是真的"的想法控制，导致认知和思考能力出现损伤，换句话就是自我功能的崩溃。

传谣者和信谣者之间，其实是启动了投射与投射性认同的心理防御机制。传谣者内心对社会存在敌意，有伤害和攻击他人的愿望，传谣的动作可以产生恐吓别人的效果（攻击了别人的安全感）；信谣者则认同了这个敌意，因为他们时常感到自己被伤害，认为自己是可怜的受害者，选择相信谣言可以让他们再次稳定自我形象（我是一个弱小无助的人）。

虽然不容易，但是没关系

△疑病、脆弱与羞耻：并不可耻且有用

新冠疫情期间，我居住的小区曾经全封闭管理，里面的人不能出，外面的人也不能进，大门口24小时值班的警察提示着问题的严重性。那段时间，平时不见人影的邻居们不约而同地出现在小区里，戴着口罩，步伐匆匆，在公共空间一圈一圈地转，那情景，总让我想到"蚂蚁出窝蛇出洞，不下大雨也刮黄风"这句话。

我和先生都在家办公，又都是资深宅友，不到不得已绝不出门的那种。2020年春节后因为新冠疫情，我们更是连菜市场和超市也不去了，全部生活物资都用网购解决，所以从现实层面来说，感染病毒的可能性微乎其微。但是在小区封闭的14天里，我们都变得极其敏感，我每天不自觉地感受一下嗓子是否有不适，是否有发烧的迹象。我先生则时常自言自语："我不想出门，跟不让我出门，感觉可真是不一样啊！我们没问题吧？嗯，肯定没问题。"后来，我们安排了专门的家庭时光，跟孩子一起讨论小区封闭带来的心理感觉。

就是在那期间，朋友打电话向我求助，说她的父亲坚信自己感染了新冠病毒，反复去不同的机构做核酸检测，所有医生都明确告知他没有感染病毒，除了血压略高，其他指标都很健康，但这并不能改变她父亲的想法，依然惶惶不可终日。"真没想到，他那么胆小，"朋友叹息道，"我一直觉得他是个硬汉子，真是……说出去都感觉不好意思。"

我跟朋友分享了我的脆弱感。作为有一些心理创伤但不严重的精神分析师，我不间断地接受了长达八年的个人治疗，非常了解自己的心理规律和运作模式，可以说大部分时间我都处于平和安定的心理状态。然而当环境里出现不安全因素时，我还是会感到不安，会对身体过度关注，会对自己感到担忧；在小区被封闭的14天里，我真切地感受到世事的无常，身为普通人的脆弱，尤其是面对外界的变化冲击时，我只能适应，只能接受，有种没办法改变什么的无力感。

我们不应为自己的脆弱而感到羞耻，因为脆弱是人的本质之一。我提醒朋友，一般情况下，老父亲的疑病倾向会随着疫情警报的解除自行消失，但她也需要理解老父亲或许在通过疑病表达情感需求，他渴望被关心，希望家人对他嘘寒问暖，让他感到家庭的温情。

△ 我怎么突然变弱了？

美国有一个母婴游戏互动的心理实验，被试主角是年轻的母亲和她的孩子，孩子看起来大约两岁。母亲戴着耳机，能随时根据研究人员的指令，改变与孩子的互动方式。实验开始，母亲和孩子一起玩积木，两个人一起互动，咿咿呀呀地交流，画面很是温馨和谐。

一分钟后，母亲在研究人员的指令下，让面部表情和身体语言都僵住，不再给孩子任何回应。

孩子很快发现了妈妈的变化，他站起来，拿积木给妈妈，试图吸引妈妈的注意，发现妈妈没有反应，他围着妈妈转，去推妈妈，嘴里说着"妈妈，我是宝宝呀"，可是妈妈仍然不动。孩子烦躁不安起来，声音里带着恐惧和绝望，两分钟后，他终于认识到妈妈不会再搭理他了。他沮丧地望望周围，在妈妈腿上坐下，准备自己一个人玩耍。就在此时，妈妈再次收到工作人员的指令，温柔地抱住孩子，开心地跟孩子打招呼，母子又恢复了先前和谐的互动。

整个实验只持续了三分多钟，孩子的痛苦很快就被解除了，所以不会给他带来永久的创伤体验。相反，这个经历还会让他学习到，外界环境的变化可能会让他掉到痛苦之中，但痛苦总会有结束的时候。

在日常生活中，有些父母对孩子的忽视、缺乏回应却是长期的，孩子因此感受到的痛苦会持续很长时间，以至于在他们心理的感觉上，那种痛苦是永久的、时间停滞的、不可能变好的。这是因为，痛苦的记忆会在身体上留下印记，产生生理的应激反应，让人们感到内在世界的混乱，因而不得不去控制身体的感觉，让自己不要疯狂和失控。

在上述实验中，只是短暂的两分钟痛苦就给小男孩留下了深刻的恐惧。实验结束两周后，孩子和妈妈来实验室做回访，他刚踏进实验室的楼道，身体就开始紧绷、发僵，表情也变得警惕。因为他立刻回忆起来，就是这个地方曾经把他的妈妈变得冷漠迟钝，不再温暖可靠。

可想而知，如果一个人在童年期的痛苦不是一个短暂的实验，而是实实在在长期发生的，那么这种影响也许会持续他的一生。

郎志敏是典型的工作狂，他经营着一家中型广告公司。在新冠疫情之前，虽说经常无暇顾及家庭，但各方面都还算稳定。但2020年春节以来，公司的各项业务都有所萎缩，在支付各项开支之后只有少量的盈余。虽说他的情况比朋友们还稍好一些，郎志敏却总有一种"以后都不会好了"的感觉，对未来充满悲观的预期，常常在纠结，到底要不要把公司结业，找一份工作去上班。

事实上，不止是郎志敏会有这样的想法和感觉，在童年期经历过长时间关系创伤同时又被新冠疫情影响到旧有模式的人，都可能被触发类似的创伤体验——被一种"永处痛苦"的绝望感笼罩，会觉得问题并不是暂时存在，而是永无止境；困难变得很大，而他们变得很小。在这种感觉之下，他们可能会做出非理性的、在别人看来很奇怪的决策。

新冠疫情带来的各项影响可能会触发一些人的心理创伤按钮，就像那个两岁的小男孩再次回到实验室，那种带着熟悉意味可怕的痛苦就在不远处，身体首先感受到危险的气息，因而变得紧张焦虑，失去了内在的自我平衡。情急之下，他们感到必须要想办法稳定身体的感觉，从而恢复宁静安定的生活，却在不觉间，发生了心理的退行（即退回到孩童的心理状态）。

外部压力事件和环境的急剧变化可能激活童年的心理创伤，让人们在无意识中进入心理退行状态，应对现实问题的能力大大减弱，或原本能自我平衡的应对方式失去作用，给旧的心理困扰雪上加霜，衍生诸多新的系列问题（人际关系、经济状况、身心健康等）。如下图所示：

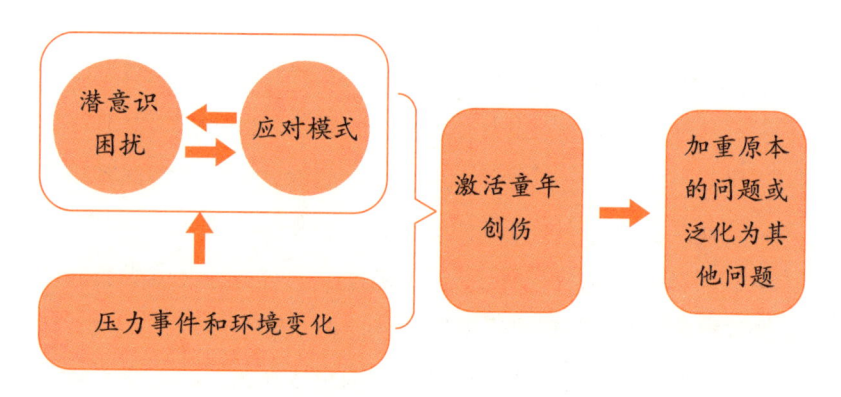

潜意识困扰 ⇄ 应对模式 ← 压力事件和环境变化 ⟶ 激活童年创伤 → 加重原本的问题或泛化为其他问题

如果没有认识到这些，人们可能倾向于把问题外归因，认为是社会的问题、环境的问题、他人的问题，却唯独没有想到是自己的心理创伤被触发，已然陷入强迫性重复的泥沼。

Part 3

你不是失控,而是被激活了童年创伤

那些看似崩溃的情绪,
失序的行为,矛盾的选择,困难重重的生活,
甚至是疾病和意外,大多是人们用以应对生活,
以便能好好活下去的策略。

你不是失控，
而是被激活了童年创伤

来自美国的研究数据表明：在美国，25%的人经历过躯体或情绪虐待，20%的人经历过性猥亵，在这份样本为25000人的调查数据中，被忽视、被抛弃、校园暴力等类别的创伤并没有被包括在内。中国的相关数据暂时还不清楚，但我们中的很多人，都是带着或轻或重的创伤在生活，正是这些心理创伤，造就了爱恨情仇的故事，悲欢离合的生活；也是这些心理创伤，让人们呈现出丰富多彩的人格，各自独特的应对创伤的方式——可能是极端地回避某类人，某类事，某类环境；可能是回避自己的某些感受，某些想法；还可能是重复某些刻板的行为，像个孩童一般说话和做事。

长年下潜人性最幽深之处，我最常感叹的一句话是：每个人都有自己的制胜法宝。那些看似崩溃的情绪，失序的行为，矛盾的选择，困难重重的生活，甚至是疾病和意外，大多是人们用以应对生活，以便能好好活下去的策略。

看到行为背后的心理意义，是自我理解、重建活力生活的开始，也是拉伸对他人和社会的认知，提升自我包容度的开始。

△ 被"标签"的我们

随着自媒体的发达,网络上的新闻、资讯、观点浩如烟海,为了让头脑不至于信息过载,人们越来越倾向于用标签去界定某类人、某个现象、某件事的性质等,比如"键盘侠""女强人""直男癌"等。

这样做的好处是,加强自我控制感,迅速定位自己的态度和立场。但坏处也是显而易见的,在社会生活中,太过于关注表面的标签定义,容易让我们的思维变得主观和简单,看待事物流于表面和片面化,容易滋生偏见和歧视。有些人还会因为对标签内容的误解,而产生不必要的压力和恐惧。比如,有些女性渴望通过努力奋斗,成就一番事业,却又害怕被认为是"女强人",难以拥有幸福的婚姻。

穿过表面的标签,听到真实的声音,看见鲜活的人性,将有助于我们理解自己和他人,拓展更宽广的心胸和视野,让心灵更加自由舒展。

·好人

"你们都说我好,我才能感觉自己是安全的。"

好人,在不同的时代,有着不同的意义。

虽然不容易，但是没关系

　　四十年前，大家说一个人是"好人"，就是这个词的字面意思，比如正直、善良、可靠等等。总之，那时"好人"是个大大的褒义词；到了二十年前，"好人"开始带一点贬义的意味——说某个人是"好人"，差不多就是在说他木讷、无趣、缺乏性魅力；到了如今的时代，"好人"的贬义意味更加强烈，如今我们再说谁是"好人"，基本上就是在说他自卑、平庸、没个性，甚至还有点暗指他无能的意味。

　　无论人们对"好人"的评价如何变迁，在客观上，"好人"都意味着更多活在超我状态，过度压抑本我的欲望，自我的调适能力比较弱。简单来说就是，活得过于自我压缩，把道德规范、他人评价看得比较重，以至于忽视自己的需求，搁置自己的利益，难以在自我需求和社会期待之间找到平衡。所以"好人"就是不快乐的人，在心灵上不自由的人，难以做真实的自己的人，曾经遭遇长期的、复杂的关系创伤的人。

　　"好人"的心理机制之一，是被羞耻感淹没。

　　由于创伤性的成长经历，他们总有一种强烈的"我不好"的感觉。为了减轻这种感觉带来的痛苦，他们积极去做能证明"我很好"的事，避免任何"我不好"的可能性。因此，拒绝别人的要求，满足自己的利益，都会变成危险的要尽力避免的事（受不了别人觉得他不好，也无法忍受自己觉得自己不好），那种道德上的优越感和满足感，可以把他们从羞耻感中解救出来。

　　"好人"的心理机制之二，是攻击性返向自身。

　　同样也是创伤性经历的影响，他们把恨和愤怒的情绪体验为危险的、过于有杀伤力的能量。为了防止自己因为恨和愤怒而产生可怕的后果（伤害他人或伤害自身），他们选择压抑这些情绪，然后对自己产生强烈的不满——是别人做错了，伤害了我，我却不敢还击，这说明我是无能的、懦弱的、失败的。当他们"成功"陷入自我攻击，就相当于缴了自己的械，失去了攻击的能力和可能性（每天都在"插刀"自己，就顾不上恨别人、对别人生气了），看起来就更加"好人"了。

"好人"的心理机制之三，是扮演可怜的受害者。

他们会一边做好人（过度付出），一边诉说自己的苦（怨声连连），以便把别人推到"加害者"的位置，自己则稳居"受害者"的宝座。在他们的幻想里，别人会因为他们的自我牺牲，产生强烈的内疚感，同情他们到无以复加，因而会加倍对他们好，报偿他们，最终留在他们身边，为他们所控制和驱使（这招儿确实对有些人很管用）。

无论是哪种心理机制的"好人"，都会体验到自尊的脆弱性（他们会用"自卑"来形容自己），影响人际关系和社会自我的良性发展。如果不借助系统的心理治疗，要走出恶性循环的"好人"泥沼，就需要人们进行一段时间的自我训练，一方面通过身体和情绪的练习，加强内在自我的力量（本书后两章有提供方法），另一方面也要学习不伤害关系地说"不"。

· 病人

"虽然身体难受，心理需要却得到了满足。"

无论是比较严重的癌症、心脏病,还是有家族遗传特点的慢性病,比如痛风、高血压、糖尿病,或者是轻微的炎症、感冒,都有性格、心理和情绪的因素掺杂其中。有些生理疾病会因为心理问题的解决而消失,但大部分生理疾病都是不可逆的。而心身疾病(病人感到身体不适,各项指标却很正常)更是心理和情绪问题的直接呈现。因此,心理咨询师总是很关注来访者的身体状况,会思考疾病症状要表达的含义。

生病会让身体痛楚和行动不便,降低生活质量,有时候还会面临死亡的风险。但是,在潜意识不为人知的幽暗角落里,生病其实潜藏着诸多好处。心理咨询师们把这个现象叫作疾病的"继发获益"。很多时候,是这些"继发获益"让病人迁延不愈,难以康复。

生病的好处之一是,可以名正言顺地休息,得到良好的照顾。

人们可能会注意到,当得知自己生病了,医生认为你"需要卧床休息",心里可能会莫名地叹一口气,想:也好,可以无须内疚地休息了。那些工作非常忙碌、过度承担生活重担的人常有类似的体验。作为一个病人,当然无法继续承担责任,不得不空闲地待着,让医生和护士来照顾,亲人朋友也会前来探望,带来礼物和暖心宽慰的话语,虽然身体不适,心理上的感觉却很好。

生病的好处之二是,缓解矛盾和冲突,重获亲密的连接。

电影《一声叹息》中,宋晓英的丈夫移情别恋,经过几番"战斗",以宋晓英意外受伤、生病住院作为重大的故事转折。作为一个病人,她的丈夫不得不前来照顾她,做她过去一直在做的家事,体验到她作为妻子的辛苦和不易,夫妻二人重归于好。艺术来源于生活,在现实生活中,人们也常常用生病、意外受伤等方式,唤起亲人伴侣的关注,"邀请"他们回归生活,参与到家庭事务之中。

生病的好处之三是,满足依赖的需求,享受自我中心的快乐。

病人可能会表现出心理退行的特点,即表现得高度依赖他人,像个孩童一样倾诉自己的无助和痛苦,以期得到关注、同情和安慰。有些人还会发号施令,要求及时贴心的满足,只要不顺心就乱发脾气,哭诉别人的冷漠和自己的可怜。此时亲朋好友会考虑到病人的痛苦,也愿意顺应病人的状态。在这种状态下的病人,看似很痛苦,潜意识里却非常享受——所有人都围着自己转,就像回到熟悉的童年早期,这种感觉是令人满足的。

如果人们能够认识到疾病的心理意义,多多关注心理健康,思考疾病与人际关系、心理、情绪的关联,尤其是思考疾病的"继发获益",然后用积极的方式去建设生活,满足需求,就能大大提升生活和生命的质量。

烟民

"妈妈,我不该生你的气,我是坏孩子。"

虽然不容易，但是没关系

吸烟有害健康是所有人都知道的事实，然而这并不能阻止烟民队伍的壮大。因为香烟对人们来说，不只是香烟本身，还有很多心理学和社会学的意义。

青少年通过吸烟假装成熟，寻求同伴的认同；女性通过吸烟寻求自我认同，找到一种自由自主的感觉。抽烟除了缓解情绪的焦虑，排解空虚和无聊感，还有社交的作用，比如在电影《志明与春娇》里，男女主人公就是在工作间隙一起抽烟时相识并相恋的。还有人通过购买昂贵的香烟来彰显自己的财力和地位，即通过香烟提升自尊感。

但这一切都不能充分解释抽烟的真正动因。因为人们会形成对抽烟的依赖，在戒烟时还会出现戒断反应，那意味着，烟瘾不只是烟草里的化学成分所致，里面还包含了丰富复杂的心理因素。

当人们存在心理冲突和情绪困扰时，会试图找到某种疏解的方式，否则就可能衍化成心理疾病，甚至精神崩溃。此时，有些人就会选择了香烟。如果没有香烟，人们就会寻找其他的替代品。抽烟，作为一种心理防御的方式，和人们婴幼儿时期的成长环境、母婴关系、天生气质等有着密切的联系。

抽烟时的口部动作，意味着婴儿期的口欲需求没有得到满足，所以总有一种莫名的饥饿感，忍不住就想吸吮，就像在无意识中重新回到襁褓，回到母亲的怀抱，寻找心理上的依赖和安全感。鉴于当人们感到焦虑、恐惧、悲伤时就会增加抽烟量，香烟似乎被作为一种情绪的出口，也带有某种自我毒害的意味。

古人说"身体发肤，受之父母"，当吸烟者用烟草毒害自己时，也像是把对母亲的愤怒转向自身。可以把这个心理过程理解为：当人们生气母亲没有提供足够好的养育、对母亲产生恨意时，立刻就会感到内疚不安，觉得自己变成了"坏孩子"，认为自己"真该死"，此时就会不自觉地想抽烟，仿佛用尼古丁毒害完自己，内疚感就成功被消减，又能安心地活下去了。

烟瘾，并不是对烟草的味道本身上瘾，而是对通过吸烟缓解情绪压力（自我毒害）的方式上瘾。行为心理学家们建议用口香糖代替香烟，有一定的建设性，却忽视了口香糖对身体无害，也缺乏社会象征意义的事实，这就是人们都知道吸烟有害健康，却又听之任之的原因。所以，在戒烟时，除了提供能代替香烟的安慰剂，还要找到更多疏解情绪的渠道，建立新的生活习惯和行为方式。

洁癖者

"糟糕的人是你，是他，绝对不是我！"

当爱干净成为一种稳固的性格特质并影响到人们的生活和人际关系，这种爱干净就会被称为"洁癖"，又叫"清洁强迫症"。此时，爱干净就有了丰富的心理意义。

洁癖的心理含义之一是贬低他人，拒绝关系。

在洁癖者的感觉里，除自己之外的任何人都携带病毒和细菌，有时还会毫不掩饰地流露出对他人的嫌弃。真实的情况却恰好相反，他们对自己充满负面的评价，总害怕自己做不好某些事，害怕自己被确证是一个失败的、糟糕的人。为了防止自己的"真实面目"浮出水面，潜意识就发展出洁癖的症状，通过想象环境和别人的危险性，把自己隔绝（保护）起来，既把糟糕的形象置放在别人身上，又成功拒绝了别人的靠近。

洁癖的心理含义之二是对内疚的防御。

洁癖的核心感觉是焦虑和恐惧，他们总有一种感觉：到处都是足以致病甚至致死的病毒、细菌、脏东西，必须奋力清除，才能让自己健康地存活下来。实际的情况却是，他们通过这些清除的动作，防止自己听到潜意识深处的声音：我太坏了，我应该被惩罚，我可能会被杀死。

他们可能有一些禁忌的幻想，比如攻击他人、挑战道德伦理、亵渎宗教信仰等，在心理感觉上，这些幻想不仅仅是头脑的想法，而是已经付诸实施，并造成了很大的破坏性。正是这种心理等价模式，给他们带来很大的精神压力，觉得自己是不洁的、糟糕的、令人唾弃的，认为自己污染了纯净的世界。所以在潜意识深处，他们总是隐隐地渴望着，秘密地等待着，有一天自己会被病毒和细菌杀死，得到"应有的惩罚"，以便从强烈的内疚和自罪中得到解脱。

综上，洁癖往往和家庭文化、生活习惯、亲密关系等息息相关（除了自身的性格特点，外部环境的影响因素比重也很大）。在进行心理治疗之后，当人们停止某些挑战社会禁忌的行为，或理解了潜意识深处的幻想之后，洁癖自然就会慢慢消失。我还观察到，有些人并没有经过系统的心理治疗，但会在搬家、换城市、换国家之后，洁癖症状神奇地得到了缓解，甚至消失不见。

·邋遢鬼

"我看不见别人，也看不见自己，只有幻想和飘忽的情绪。"

和洁癖者相反，邋遢鬼家里经常乱糟糟，杂物堆放得无处下脚，他们却说"这样找东西方便""多有生活气息啊"——这其实是在对自己的行事风格进行合理化。毕竟，谁不喜欢待在整齐干净的地方呢！有意思的是，他们自己不去动手收拾，也不肯请专业保洁来帮忙，仿佛乱乱的、脏脏的、灰尘满布、物品乱飞的环境，正是他们需要的，会莫名地让他们感觉安心。

其实，那些看起来邋里邋遢的人，心里也经常乱糟糟的。他们应对精神痛苦的方式是解离。解离，顾名思义就是解散离开，即自我解散了，离开了，这是西方人从化学实验里引用过来的说法。在我们中国的文化语境里，解离其实就是失魂落魄，或者又叫丢魂儿——只不过，不是暂时的状态，而是一种稳定的性格特质。

当人们遭遇难以应对的心理创伤，感到不能战斗也无法逃跑时，最优的选项就是解离，即关闭心灵的感受能力，降低思想和情感对现实环境的敏感性，把自己和他人隔绝起来。简单来说就是：我没办法逃跑，也打不赢你，那我就只好装死了。所谓"装死"，就是假装自己没有感觉，也没有想法，最大程度上减少自己在现实中的活动；就像把自己从现实中抽离，就像自己不存在，这是人们在极端痛苦无助时可以选择应对的唯一方案。

"装死模式"的好处是让他们不至于精神崩溃，能够好好地活着。但坏处是让他们看起来就像丢了魂儿一样，做事情缺乏规划，丢三落四，邋里邋遢，好像对很多现实问题——水电费、金钱、孩子家务等——都感到疲于应付，因为很多时候，他们的精神和意识（魂儿），都遨游在某个想象的世界里，优哉游哉，飘忽不定，所以这样的人经常从事科研、文化、艺术类的工作。

试想一下，如果一个人在自我感觉上并未活在现实生活中，那么周边环境里的脏乱差又与他何干呢？从这个角度来说，要解决邋遢的问题，最重要的是提升现实感，从刻意观察周围的环境和他人开始，每天拿出一小块专门的时间去做与现实生活有关的事，比如清扫、烹饪、侍弄花草等等。

·直男癌

"千万不要让别人看出来，其实我的内心很虚弱。"

网络信息显示，"直男癌"一词发端于2014年的社交媒体。经过一段时间的发酵，如今的直男癌，特指大男子主义、不尊重女性、漠视女性价值的异性恋男性。从心理学角度来看，所谓的直男癌，其实就是依照儒家文化流水线生产的男人，他们的共同特点是缺乏自我意识，只依着本能行事和说话，比较信奉传统文化对人的定义，有很多"男人应该……女人应该……"的思想。

直男癌大多来自重男轻女的家庭。父母赋予他很多天然的特权，却没有给他真正的爱——那种被看见、被接纳、爱你如是的爱。恰恰相反，直男癌的父母难以真正去了解儿子，会贬低和否认儿子的情感需求，认为男人就应该"刚"一些，不该表现出温柔的一面。在这样的家庭氛围中长大，会让他感到自我的割裂，一边感觉自己拥有特权，得到很多关注，在父母眼中非常特别，一边又感受到自己不值得尊重，在希望得到安慰和同情时，换来的却是羞辱和贬低。

为了整合内在冲突，让自我系统不至于崩溃，直男癌们选择认同父母的态度，屏蔽自己的情感需求，否认情感的价值，绝对隐藏脆弱感，用一副"天下我最强"的形象，回到童年的特权感里，进而强化对父母权威的忠诚。

直男癌们最核心的困境是亲密关系。他们难以表达真实的自我，回避情感上的脆弱性，却希望拥有亲密稳定的婚姻关系；渴望找到一位经济独立，不过度依赖他的女性作为伴侣，却希望对方三从四德，贤惠顺从，事事处处依附于他。在传统思想与现代需求的冲突之下，他们可能会变成婚姻家庭的编外人员，在社会的角落里游离摇摆。

如果他们能意识到自己的矛盾之处，能在思想上给自己松绑，脱离社会文化对性别的界定，生出属于自己的看法和理解，坦诚真实地面对自己，关注自己个性化的情感需求，情况就能慢慢好起来。

女强人

"除了我自己，没有人可以让我依赖。"

在大众的普遍想象里，似乎"女强人"约等于婚姻不幸福的女人。因此常有年轻女性陷入思维困局：渴望通过努力奋斗取得事业上的成功，可是又害怕，如果变成女强人就会与真爱无缘，与幸福的婚姻失之交臂。

男人事业成功，就能抱得美人归，女人事业成功，却会导致婚姻不幸。这真是带有某种性别歧视的偏见，说得就像事业不成功的女性，婚姻就一定会幸福似的。

然而，无风不起浪，这种匪夷所思的想法也是有迹可循的。在如今的文化、社会、环境之下，女性要想取得事业上的成功，面临的挑战将比男性多得多（尤其是35岁以后），她们往往要付出更多的努力，表现得更加优秀，甚至延迟婚育，牺牲个人生活，才能争取到与男性公平竞争的机会，这导致事业上特别成功的女性人数很少。由于样本量小，一旦她们的婚姻生活不幸福，就会显得特别突出。

这是"女强人婚姻不幸福"刻板印象横行的原因之一。

根据我的观察，在取得事业成功的人里（无分男女），很多都有"依赖—反依赖"的关系模式。

依赖的关系模式，就是要求伴侣随叫随到，为自己提供无底线的包容和照顾（自己变成小婴儿，让对方做照顾者）。他们的内在声音是："我这么努力拼事业，那么辛苦，那么委屈，你就应该对我好，补偿我。你赚钱能力弱，就应该多照顾我"。反依赖的关系模式恰好相反，他们难以在亲密关系中呈现脆弱，倾向于过度承担，像权威家长一样大包大揽（把对方变成小婴儿，自己做照顾者）。他们的内在声音是："我付出得越多，就对你越重要。你越依赖我，就越离不开我，那么这段关系就越可控，我就越安全。"

无论是依赖模式，还是反依赖模式，都会让伴侣感到不被尊重，导致关系失去平衡。前者会让人感到自己被欺辱，后者则觉得自己的能力被贬低，都会让人感觉非常不舒服。

由于社会对男女两性的角色设定（女性是弱的，应该提供照顾，男性是强的，应该解决问题），在忍耐关系不舒服的问题上，男女两性表现出截然不同的反应。女性伴侣的忍耐力更强（通常经济能力也偏弱），所以大多选择了忍耐，调整自己以适应成功丈夫的节奏；男性伴侣却会倾向于用分居、出轨、离婚的方式，向成功的妻子表明自己的反对立场。

这是"女强人婚姻不幸福"刻板印象的原因之二。

在亲密关系里，依赖和反依赖的关系模式，大多是因为在童年阶段没有得到基本的身体、情感和精神的照顾。不同的人对此发展出不同的应对方式：有些人意识到自己的缺失，因而渴望在婚姻里得到补偿，另一些人则通过给予伴侣很多照顾，变相满足童年的自己（否认缺失，无意识重演童年的生活体验）。

要改善"依赖—反依赖"的关系模式，除了深刻认识到自己的心理模式对亲密关系的影响外，还要建立起关系的边界（再亲密的关系，彼此也是独立的，要各自负责任），学习信任自己（能依赖自己，也能依赖对方），信任伴侣（相信他有自己的能力资源），信任关系（关系是很结实的，没有那么轻易断裂）。

键盘侠

"是你的错，他的错，所有人的错！"

键盘侠惯于发表戾气满满的言论，无论社会新闻，还是娱乐新闻，不管那新闻是什么内容，他们总能找出负面的部分，然后进行无情的讽刺挖苦、谩骂攻击。

被攻击的人会感到受伤，觉得自己没有做错什么，却无故遭受如此粗暴的对待——其实，这恰是键盘侠小时候常有的感受。键盘侠的父母，不但难以向孩子表达爱和关怀，还会把不良情绪发泄在孩子身上，向孩子提出过于苛刻的要求，指责孩子为什么做不到，对孩子进行贬低和谩骂。在成年之后，有些人能通过自我反思，解除对父母的模仿和认同，成为自己想要的样子，但另一些人则会复制父母的模式，通过成为父母的样子，达到某种心理上的安慰（如果我和父母一样，那么意味着父母是好的，我也是好的）。

键盘侠的内心充满愤怒和抱怨，总有一种全世界都辜负了自己，自己是世界上最悲惨的人的感觉。他们只关注自己的内在标准，抗拒改变，固执己见，轻易地批评和指责他人，期望别人按照他的意志去运转——就像童年时期父母对他的期望一样。

这样的个性特质让他们在面对一些问题时，总想找出应该负责任的人，即犯错的人。他们在潜意识里觉得，只要找到了负责任的人，自己就可以免于被责难。他们随意释放的攻击性，更像是一种"先发制人"的战术，通过讽刺、批评、指责别人，率先抢占心理优势的高点，从而避免想象中的弱势地位，找到自我的安全感。鉴于这种心理模式，我们很难指望他们负责任，事实上，他们典型的性格特质之一就是不承担任何责任。

当社会发生重大事件，导致大家的整体生活受到影响，比如新冠疫情的暴发，键盘侠就会把有关部门视为粗暴无能的父母，把医护人员视为冷漠无情的照顾者，而后表达强烈的不满，对上述人士进行攻击和批评。简单来说就是，他们把压抑到潜意识深处的对父母的愤怒，投射到象征着父母的人——政府、医护人员、上级领导等——身上，而后肆意攻击和谩骂。

如果没有发生特别的重大影响事件，或者没有对自己进行深入的思考，键盘侠们可能终身都在玩"谁要为此负责"和"你们都是加害者"的游戏，换言之，他们很难主动作出改变，毕竟，指责别人容易，面对自己却是很难很难的。

· 工作狂

"只有当我表现得好，取得很多很多成就，我才能得到爱。"

工作狂和热爱并享受工作是两回事。工作狂常把工作看成生命的全部，会为了工作透支健康，把自信和自尊完全建立在工作之上，换言之，工作成就是他们唯一感兴趣的东西。然而，来自工作的正反馈常常转瞬即逝，这导致他们不得不像陀螺一样无休止地工作，所以也有心理工作者说他们是"工作成瘾"。

　　工作狂和拖延症的父母是同一种养育风格，不同的是，他们在成年之后，用了完全相反的方式去应对过于严苛的父母形象。如果说拖延症采取的策略是"虱多不痒，债多不愁"——反正我也达不到你的要求，随便你爱不爱我吧！那么工作狂采取的策略就是"明知山有虎，偏向虎山行"——如果我拼尽全力达到你的要求，是不是我就能变成好孩子？

　　对于工作狂们来说，工作中的微小失误，意味着自己整个人的失败。他们常常夸大自己在团队中的作用，觉得自己的一举一动都能动摇整个公司的安危。这让他们经常有着较高的焦虑值，很容易情绪崩溃，缺少对自身状态的关照，因而把别人的反应当作自我评价的依据——别人说他好，会让他有安全感，别人说他不好，就立刻感觉糟透了。

　　有心理研究者发现，那些遭逢失恋、丧亲等严重打击的人，可能会选择沉溺工作，以回避面对内心的伤痛，因为关系的丧失会引发无力和失控感，而投入工作会找到一定程度的控制感——只要付出时间和努力，就能得到积极的价值反馈。工作狂，其实是在强迫性重复童年的创伤体验，即主动创造和童年经历类似的高压情境，然后在极度的焦虑中完成过于挑战的工作项目，获得工作成就和自我价值感，就像在童年期得到来自父母的欣赏。也就是说，工作狂们其实是在通过疯狂工作的行为，亲近记忆里的父母，表达对严苛父母的爱与忠诚。

如果没有发生重大的足以震撼心灵的生活变故，工作狂很难主动改变自己的模式。他们虽然付出了生活单调、透支健康和亲密关系受损的代价，却收获了成功、富裕、名誉和地位，这些在如今的社会中被公认为是有价值的东西。

变色龙

"我是谁？我在哪儿？世界的尽头在哪里？"

这里所说的变色龙，并不是性格上的多变，而是居住环境、生活方式、职业选择、兴趣爱好等的多变。变色龙要么频繁换工作，要么频繁换爱人，甚至频繁换生活空间（搬家、换城市、换国家）。除此之外，他们还总是忙忙碌碌，日程紧凑充实得让人惊讶，仿佛总有做不完的事，见不完的人，处理不完的项目。他们的身上总有一股天不怕地不怕的劲儿，好像只要他们愿意，没有什么事不可以——包括那些挑战社会规范的事。

朋友们会认为他们潇洒，羡慕他们的勇敢、独立和冲劲儿，但其实呢？他们只是通过变来变去处理自己的内心冲突：要么通过任性妄为，抒发潜意识里的愤怒，享受自由和掌控的快感；要么通过变化无常，试探自己能力的边界，反复体验自我质疑和不安全的感觉。前者的父母可能过于严苛控制，有太多侵入性的规则约束；后者的父母正好相反，太过于溺爱，无法为孩子设立边界。

两种养育风格都可能导致孩子内在自我的失衡——在规则和自由之间左右摆荡，弄不清到底哪一个才是真正的自己（其实两个都是），因而陷入巨大的困惑迷茫之中。于是乎，看清自己本来的样子，探索自己和世界相处的最佳姿势，就成了他们重要的人生课题。所以表面看来，他们是通过种种的新鲜和冒险去经历生活的丰富性，挑战自己，扩展自我认知，探索自己能力的边界。然而真相却是，他们总也找不到让自己感觉舒适安心的生活方式，因为他们迷失在内心的世界里，不知道自己是谁。

他们的内心总是充满焦虑，被一堆"待处理"围绕，常常都感到身后有一股什么力量在催促自己，无法安心休息。如果他们能安静下来，就会发现自己是抑郁的，而这种貌似忙碌的工作和生活，起到把抑郁隐藏起来的效果。也就是说，他们的根本问题是抑郁，因为难以应对抑郁而继发焦虑，之后又因为焦虑而变来变去，最终导致疲惫不堪，疲于奔命，陷入恶性循环的旋涡里。

要阻断这种恶性循环，最根本的是要认识到问题的本质，提升与焦虑情绪的共处能力；当感觉焦虑时，可以通过太极、冥想、艺术等方式来疏解，而非像过去那样去行动，随便做些什么。

每天都给自己专门的时间独处，给心灵留出呼吸的空间，去消化这一天发生的种种。也可以在本书后面的章节里，挑选适合自己的身体和情绪练习，只要有时间，想起来了，就完成一次。当内心平静的时刻越来越多，生活自然也会越来越稳定、有序起来。

万年单身

"我觉得,亲密关系的伤害,远远大于它所带来的快乐。"

寻求情感和心灵的归属,与他人建立深切亲密的依恋关系,是人类被写进基因的生物本能。某种意义上说,和另一个人产生爱情,而后缔结稳定的婚姻关系,除了是人类的繁衍本能,也是重演早年与母亲的二元关系模式。然而有一些人,却显得对亲密关系不感兴趣,可以很多年都一个人自得其乐,这种生物本能在他那里就像彻底失效一般。万年单身,作为一种夸张的修辞手法,形象地描述了他们的生活状态。

很多万年单身的人,多少都对自己感到不满,认为是自己不够优秀,缺乏魅力,才导致长期单身。这真是大大的误解!如果他们对自己足够坦诚,那就势必会认识到,其实他对自己的误解,是因为长时间渴望爱情而不得,把对生活的失望(攻击性)指向了自己。他们其实非常渴望爱情,基于长期独自生活的事实,渴望程度甚至是很高的,然而他们对爱情和亲密的恐惧也更加强烈,强烈到足以覆盖那些渴望。

在现实层面,万年单身的人不一定曾经遭遇过爱情的伤害,很多万年单身的人甚至从未真正恋爱过。他们对爱情(或异性)的负面看法,更多来源于他们的原生家庭。

一种情况是，父母的婚姻关系很糟糕，以至于父母中的一方或双方，开始把注意力转向孩子，向孩子寻求情感支持，跟孩子倾诉痛苦，控诉伴侣的"罪行"，甚至希望把孩子变成自己的同盟，一起"惩罚"伴侣。这种做法，其实是对孩子进行多重伤害。第一，孩子会吸收父母的痛苦和怨念，把父母对婚姻和异性的负面看法当成是自己的（这是他们难以进入婚姻的重要原因）；第二，孩子的情感需要被迫搁置一边，还反过来照顾、倾听、安慰父母（这让他们的情感脆弱，心灵更容易受伤）；第三，当他们同情了向自己诉苦的一方，势必就意味着对另一方的感情背叛，这是非常艰难的处境（这让他们内疚自责，认为自己不配得到爱）。

另一种情况是，父母对孩子有很多虐待——不一定是身体虐待，很多时候是言语虐待和情绪虐待，或者是情感的忽视（这是一种不易觉察的虐待）。在被虐待中长大的人常有一种难言的羞耻感，仿佛无须说什么和做什么，自己的存在本身就已经非常错误，非常糟糕。不同的人会用不同的方式防御这些羞耻感，万年单身的人会通过远离亲密关系，来隔绝这些强烈的痛苦感受（亲密关系会激活童年期的情绪和身体记忆）。

要改善万年单身的情况，最重要的是疏解羞耻感，找到对自己的好感觉，喜欢自己，信任自己，认为自己值得最好的爱。我认为本书对他们会有非常有效的帮助。

· 社恐患者

"如果和别人在一起，我⼄……

《社恐之歌》唱出了社交焦虑……者的心声："昨天上班他走进你那部电梯，你赶紧掏出没有信号的手机""你很怕上厕所和他相遇，因为迎面走来总得寒暄几句"……有些社交焦虑者，会简单地归因为自己口才不好，太自卑，或者缺少社交技巧，但经过一番努力之后，他们发现即便参加了口才训练营，学习了社交培训班，或许跟以前相比，自己在社交表现上好了很多，但那种如影随形的焦虑依然存在，并不会彻底消失。

这是因为，他们没有真正理解社交焦虑的根源。

他们大多为社交赋予"审视自己是否合群，是否得体，是否受欢迎"的意义，而非去享受社交的乐趣。所以只要和不熟悉的人在一起，他们就会进入战斗状态，一边时刻监控自己的表现：这样说合适吗？那样做妥当吗？别人会怎么看我？一边又对焦虑不安的自我状态感到失望和愤怒，觉得那样的自己太虚弱，太无能。

这种自我状态的表层原因是，他们错过了人际交往的敏感期。8~15岁是学习人际交往的关键期，如果在那个年龄时段一心忙着学习，无暇跟朋友玩耍，或者进入自我解离状态，脱离了现实生活，都会导致人际能力的缺失，后来再弥补时就变得很困难。

　　深层原因是，童年时期的依恋创伤导致他们缺乏主体感，把自己作为一个客体去看待和体验。主体感，就是从自己的感受和想法出发，去看待自己和世界。和主体感相对应的词语是客体感。客体感，就是从别人的感受和想法出发去看待自己和世界。两种不同的视角，必然带来不同的社交感受。

　　如果把这两个概念放在社交中，那么我们将能理解，社交焦虑其实就是把别人当作社交的主体，把自己放在客体的位置。把想象中的别人的想法和感受，当作客观现实，不自觉地调整自己（语言和行为），去适应想象中的别人的需求和看法（希望通过别人的积极反馈，得到"我很好"的感觉）。由于远离了自己的体验，焦虑、失望、自我否定等情绪的产生，就是必然了。

　　对于他们来说，找到自我的主体感，疏解根植于身体和潜意识深处的羞耻感，能够舒适地跟自己待着，安住于自己的感觉，自由地感受和表达自己，是重要的成长目标。

△ 大家都有"病"

时至今日，对大众来说，心理咨询依然是个很神秘的事儿。在社交场合，常有人带着某种讳莫如深的语气问我：你看我这情况，算是病吗？

我不擅长调侃玩笑，所以每次都会认真回答："人只要活着，或多或少都有病的。所以要看你的感觉，你觉得是病，那就是，你觉得不是病，那就不是。"听完之后，有些人会感到释然，有些人则觉得我就是在敷衍他。

在汉语中，病，最初的含义是困苦、困难、忧虑，后来才衍生出疾病的含义。每个人都有自己的苦，自己的人生课题，所有人都在想尽办法去解决问题，去帮助自己过上幸福的生活。只不过，在这个过程中，有些人可能会无意识中用了错误的、有害的、适得其反的方式，导致了一些不良的后果，即表现出"病"的状态。

了解自己，重新回到幸福的坦途，最重要的一件事，就是理解表面病症之下的潜意识意义，觉察自己的努力方式，是否也恰好造成了自己的困境，是在破坏自己，而非建设幸福的生活。

> "身体！心灵！你们在哪儿？快跟上我沸腾翻滚的脚步！"
>
> ——大脑

据说在中国，大约有5000万~6000万人被睡眠障碍折磨，2018年《互联网网民睡眠白皮书》的数据显示，56%的网友认为自己的睡眠有问题，但大部分人只是在忍受，只有不足2%的患者主动求治。

人们普遍认为，导致睡眠障碍的原因是工作压力、精神紧张、过度熬夜、生活不规律等。却很少有人意识到，是心理创伤促使人们选择一份压力过大的工作（人们的职业选择大多是对生命早期体验的强迫性重复），而后在无意识和非意识的驱使下，身不由己地熬夜，鬼使神差地自虐，养成各种不良的生活习惯。

睡眠障碍的实质是头脑、心灵和身体各自为政，难以和谐。

头脑把情绪的体验和身体的感觉混在一起，自我因此变得困惑、混乱和恐惧。在头脑的认知里，身体不再是安全的自我容器，而是一个必须和心灵（情绪）搏斗的战场。作为战役的中心，身体感到恐惧，感到不安全，所以无法跟随本能的感受去放松；这种难以放松的状态，导致人们在睡眠上的种种困难。如果把这个过程简单化，就是头脑想要用强大的思维能力去覆盖情绪上的痛苦感受（愤怒、恐惧、伤心、羞耻等），却没有意识到这些努力非但徒劳，还衍生了睡眠障碍的问题。

简而言之，睡眠障碍是心理创伤在身体上的反应（也可以叫创伤后遗症），所以单纯服用助眠药物并不能真正解决失眠问题，就像退烧药也不能解决炎症一样。要真正解决睡眠障碍，就必须进行一系列身体和情绪的练习（本书最后两章提供了很多行之有效的练习方法），通过和自己的深层潜意识建立连接，停止使用思维解决问题的模式，学会区分身体的感受和情绪的感受，在二者之间建立有效的连接，使身体和情绪的感受成为自我认识的资源，而非被体验为危险的来源。

嗜睡

夜间睡眠充分，白天依然困倦不已，总是昏昏沉沉地想睡觉，并且越睡越困，怎么睡也睡不够，排除了生理疾病（甲减、肝病、阿尔茨海默症等）之后，就可以去寻找心理的原因了。

中医可能会认为，嗜睡是因为体内湿气太重，需要健脾祛湿。从心理学的角度来看，嗜睡可能是为了降低心灵的敏感度，即潜意识通过唤起困倦的感觉，钝化自己的感知系统，隔离某些倍感困扰的想法。

作为一种心理防御模式，嗜睡的意义在于，人们在感知到痛苦和危险时不至于自我崩溃。嗜睡，就像是吹起阵阵迷雾，把自己围起来，只活在自己的感觉和世界里，不看别人，也不看周围的环境；也像是灌一碗迷魂汤，把自己迷昏，进入一种迷迷糊糊、昏昏沉沉的意识状态，在这种状态下，也能完成例行工作，但对于周遭的人和事，感觉上就变得不那么清晰了。

一般来说，当人们感知到：

1.攻击他人的想法和欲望；

2. 强烈的羞耻感；

3. 挑战伦理的性欲望和性想法。

同时又对这些感觉、想法和欲望感到恐惧无助，就可能会进入嗜睡状态，通过迷昏自己，淡化这些无意识内容对自己的侵扰。在他们的童年时期，父母在情感上大多是缺席的，很多时候非但没有提供精神营养，还对他们的情绪反应进行贬低和羞辱，导致他们对情绪缺乏基本的认知，也没学会如何与情绪共处，甚至把情绪体验为危险和可怕的东西。

被嗜睡困扰的人，可尝试禅坐或冥想，通过刻意地关注当下的觉知，帮助自己进入清醒的意识状态，还可以常常静下心来询问自己：我在担心什么？害怕什么？我是否有什么不愿意细究的想法和感受？而后静静地等待答案从心里慢慢浮现。

· 拖延症

"这世界令人失望，我也令我失望！"

拖延症并非懒惰，也不是坏习惯那么简单。拖延症实际上是潜意识愿望的表达，如果人们能放下评价性的视角，开始对自己的拖延症产生好奇，聆听内心的声音，探索潜意识的想法，拖延症才有真正被解决的可能。

拖延症的心理意义之一是逃避糟糕的心理体验。

那个被拖延的工作或事务，只是他们认为应该做的事或正确的事，而非自己真正喜欢的、有内在热情的事。因而在从事这项工作时，他们就会感到枯燥、厌烦，如果这件事恰好是他们不擅长的，还可能会产生挫折感和自我怀疑。这些糟糕的心理体验，会引发他们的心理痛苦——一旦想到要做这件事，就会产生因之而来的心理感觉，那么拖延症就开始发作了。毕竟，不舒服的感觉能避免还是要避免的，能晚些到来，尽量还是晚些到来的好。

拖延症的心理意义之二是寻求关注和自我攻击。

那些经常迟到或惯于延期递交工作成果的人，可能是通过挑战规则来表达个性，以引起别人的关注。他们不确定自己的存在是否有意义，在别人心目中是否占有一席之地，自己是否被别人看重，所以总要做些什么来试探。每当别人催他快交作业时，为了他的迟到而生气时，他可能会在感到压力烦躁之余，同时也产生一种隐秘的满足感：看！我多重要，他多在意我啊！

他们因此而承受别人的愤怒和恶意，恰好也反映了他们对自己的不满和贬低。他们中的有些人对自己的批评、嘲笑和攻击，已经到了不可思议、耸人听闻、人神共愤的地步。如此严重的自我攻击，让他们的身体和心灵分离，让他们感到身心俱疲，总有一种昏昏沉沉的朦胧感。可想而知，在这种状态下，集中注意力就变成一种艰难的工作，他们需要积蓄很多力量才能专注一小会儿，当然就会导致学习和工作成果的延后。

拖延症的心理意义之三是内疚和寻求惩罚。

严重的拖延症者，往往都有过于控制、严苛、情感冷漠的父母，而他们对父母的情感往往都是又爱又恨，所以会一边复制父母的攻击和贬低模式，一边充满愤怒和反抗的愿望，一边又对愤怒和攻击的想法感到内疚（催促他们工作成果的上司和客户，可能会被他们体验为童年时期的父母）。因为在意识层面，他们也能理解和同情父母，知道父母是爱自己的，父母的情绪暴力也是有原因的。

然而，理解是一回事，对父母的愤怒是另一回事。在内疚感的驱使下，他们的拖延和迟到会变本加厉，形成一个顽固的恶性循环：拖延导致别人的批评和惩罚，而被批评、被惩罚恰好能缓解他们的内疚感——我已经为自己的"坏"付出代价，这下可以松口气了——因而又会进入新一轮的拖延。

要彻底戒除拖延症，除了在行为上训练自己，比如学习一边痛苦一边做自己想做的事，比如明确目标，寻求外部的激励力量，还要理解拖延的心理意义，比如思考拖延症的心理意义，而后对症下药，与内在自我进行连接，释放被压抑的愤怒和攻击，用积极的、有建设性的方式代替拖延。

·过度肥胖

"把我的欲望和攻击性都藏起来吧，它们实在让我害怕！"

人们多从社会学和生物学角度来看待过度肥胖现象——比如营养过剩、缺少运动、肥胖基因等等——而忽视心理因素对人的体型的影响。这一方面是因为心理学知识的普及度不够，另一方面是因为人们太过于迷信科学，把物质世界当作世界的全部。事实上除激素治疗的后遗症外,超出标准体重30%以上的人,都需要认真检视心理因素的影响。因为身体有自己的智慧,它会通过各种方式——体型体貌、疾病症状、意外受伤等——表露(呈现)人们的无意识内容。

过度肥胖的心理意义之一是,掩盖性吸引力。

无论男性还是女性,过于肥胖都会导致性别的模糊,而这恰好就是他们无意识里的声音。当一个人不接纳自己的性别,害怕自己显得太有性吸引力(容易产生性焦虑),那么长出厚厚的脂肪,就可以把这个吸引力消解掉,让别人无视他的性别。这就导致爱和性的欲望都被压制,此时他们会选择投身美食,通过口欲的满足来转移对性欲的需求,也可以说是用食欲代替性欲(长期单身者总难抵美食的诱惑,原因就在于此)。

过度肥胖的心理意义之二是,寻求被爱的感觉。

天天嚷着减肥,却无法控制高涨的食欲,因而越减越肥,大多是和食物的关系出现了问题。对他们来说,食物不是为身体提供能量的物质,而是变成了填补内心空虚的精神营养。在他们的潜意识里,食物可能代表被爱的感觉,吃下那些非常甜的高热量食物,就像重温婴儿期吸吮奶水的感觉,会帮助他们回到片刻的安静和满足感里。简单来说就是,身体的过于肥胖,有可能是内心缺爱,所以用大量食物来填补。

过度肥胖的心理意义之三是,身体被愤怒和伤心充满。

我们形容某个人很胖,就会说"身体像气球一样膨胀",很形象地描述了过度肥胖者的内在世界:肚子里有很多气。也就是说,过度肥胖的人很可能心里藏了很多愤怒,又害怕这些愤怒会伤人伤己，于是只得把怒气都窝在心里，憋在身体里。有时候，为了把愤怒压抑得更深，会无意识地吃下很多食物，仿佛要把那些情绪的痛苦吃下去，再用肠道消化和吸收掉。当一个人的照顾需求没有被满足，就会感到失望和伤心，因而就会愤怒起来。

孩子在成长的过程中，除了需要身体的物质养育，也需要心理的情感养育，相比较来说，后者更加重要一些。但遗憾的是，很多人并没有意识到，如果孩子缺乏情感的养育，就难以区分身体和心理的感觉，可能倾向于用身体来消化情绪，也倾向于把身体等同于"我"的全部。过度肥胖者，或多或少都会遇到过类似的困境。

想要取得减肥的成效，除了管住嘴，迈开腿，最根本的还是关注自己的内心，照顾自己的感觉，在内心深处允许自己释放性吸引力，通过健康的方式体验被爱，找到有建设性的疏解愤怒情绪的渠道。

· 厌食和暴食

"如果我变瘦，我就能变好，我就能得到真正的爱！"

有些人排解负面情绪的方式是沉迷和上瘾，另一些人的方式是睡眠障碍，还有一些人则选择了"吃"。

表面看来，非理性地节食是为了变美，是低自尊，是渴望他人的认同等等。其根源上的心理动因，却可能是拒绝长大、拒绝母亲、拒绝吸收母亲的爱——在潜意识的隐喻中，人和食物的原初关系，就是婴儿和妈妈的乳房之间的联系。强迫性地拒绝食物，非主观意愿地吃不下饭，无法吞咽食物，约等于拒绝吸收养分，拒绝吸吮妈妈的奶水。

与厌食相对应的暴食，却又是另外的心理含义。当人们通过强迫性进食，来压抑自己情绪上的痛苦时，常常处于一种近乎失控的、疯狂的意识状态下（不是"自控力差"那么简单）。他们只是机械地往嘴里塞食物，然后再机械地吞咽，根本不去品尝食物的味道。此时他们并不是在吃下食物，而是吃下自己的痛苦，这些痛苦的情绪可能是：愤怒、怨恨、恐惧、羞耻、悲伤。换言之，当他们处在暴饮暴食状态时，"我"已经不见了，也可以说他们的魂儿已经飞走了，失去了当下的感受能力，身体变成了机械动作的躯壳。

厌食和暴食的交替出现，可以理解为，自我状态在抑郁和兴奋之间彷徨，或者在对母亲的渴望和愤怒之间摆荡。如果追溯童年的生活，他们会承认自己和母亲的关系满是痛苦纠缠，母亲要么在情感上拒绝他，害怕和他亲近，要么则表现得过于侵入，大事小情都要干涉和控制，甚至不允许他拥有自己的想法和感受。

在医院的精神科，厌食和暴食是非常顽固的难以治疗的精神疾病。全世界约有3%的人患有严重的进食障碍，其中年轻人占了10%，而厌食症的死亡率高达20%。这是因为，厌食和暴食并不是行为问题，而是严重的心理和情绪问题，并且和生命早期的母婴关系有关，因为问题发生在非常早期的阶段，很难通过调整认知、行为改变等方式彻底自愈，需要进行系统的、长期的心理治疗，在安全稳定的咨询关系中，慢慢修复依恋创伤才行。

· 沉迷和上瘾

"快！快把负面情绪和想法都忘掉！"

有人认为，商业社会的娱乐产品是精英阶层对底层民众实施"奶头乐"政策，即提供量身打造的娱乐信息——发泄性娱乐和满足性娱乐——以便让人们陷落其中，像温水煮青蛙一样，慢慢丧失生活热情、抗争欲望和思考能力，成为容易被掌控的无脑无心人。虽说这种观点充满迫害妄想的味道，却揭示了过度沉迷娱乐和上瘾症的真相。

只不过，因和果要反过来说才行。人们是先对自己感到失望，对生活感到厌倦，同时又无力改变现实，无力改变自己（比如变得积极，有能力），而后才转向了沉迷娱乐，或发展出上瘾症。

深陷负面的情绪和想法，很长时间都无法得到有效的疏解，人就会像一台被绳索卡住的机器，思想和情感都难以顺畅运转，导致生活问题越累加越多，慢慢地就习得性无助，丧失了生活热情。对现实的失望和无力，除了让人们沉迷电子娱乐（短视频、网络游戏等），还可能沉迷某个运动，沉迷白日梦，甚至是沉迷爱情（进入一段又一段无果的恋情）。有些人还会发展出上瘾行为，比如赌瘾、性瘾、烟瘾、购物等。此外，还有一种不为人所知的上瘾，就是对痛苦的情绪上瘾——那些童年期曾饱受虐待的人，会欲罢不能地爱上痛苦的感觉。

沉迷和上瘾，本质上是一种意识状态和自我感受的逃离，就像逃入电子娱乐，逃入上瘾。也就是说，人们把身体和精神进行分离，而后把身体的躯壳留在现实中，把思想、情感和自我意识投入到所沉迷的世界中去。这种心身分离的机制，与前文提到的"邋遢鬼"有些相似，即把对现实的感受能力关闭，在感觉的层面，进入幻想中的理想世界。

这当然是一种自我逃避，甚至是自我放弃的做法，长此以往，对人的健康和幸福是很不利的。但是，与其说他们是在自我破坏，不如说是一种自我保护机制。如果思想和情感的麻木可以大大提升身体存活的概率，人们就会本能地做出他们认为的最优选择。

要戒除沉迷和上瘾行为，仅仅在行为上自我控制是不够的，最根本的还是检查自己的内心，去除负面思维，疏解无助无力的情绪，开始动起来，建设自己的生活，找到自己真正有兴趣的事，并充满热情地投身进去。

追星和单恋

"妈妈，你知道我在渴望你的目光吗？"

追星和单恋其实是一回事，都是单向流动的情感，都是缺乏现实基础的带有理想化想象的情感投注，都是一方对另一方不求回报的默默付出，都有一种"我爱你，与你无关"的纯真奉献的意味。这种情感，与其说是爱着一个人，不如说是爱着自己的影像。换言之，追星和单恋的人，是在把自己的一部分自我置放在明星偶像或暗恋对象身上，开始一段浪漫美好的爱的旅程——他们和自己玩得很快乐。

他们之所以满足于单向付出，是因为这种关系里有着某种熟悉的体验。他们的母亲要么深陷抑郁，要么情感隔离，要么显得惧怕自己的婴儿……无论是什么原因，对这些婴幼儿来说，安心的拥抱，慈爱的目光，温柔的话语，亲密的二人时光，统统都成了奢侈品——母亲就像是冰冷的雕像，无法给他们情感上的回应。在度过最初的愤怒哭闹之后，有些孩子会进入抑郁状态，通过生病来召唤母亲的关注，而另一些孩子则发展出自我满足——"妈妈不在，我就跟自己玩"——的能力。他们会进入幻想的世界，通过想象一个完美的好妈妈，完成和妈妈象征性的连接，并在这种幻想中得到精神上的满足。

这种通过幻想完美妈妈，达成自我满足的习惯（也是一种能力），在成年之后就可能演变成单恋或者追星。大部分追星和单恋者都能感到自洽，认为自己只是陷入了爱情，并从中获取乐趣，其中即便有痛苦，也是以苦为乐，很少认为自己需要寻求心理的帮助。事实上，如果没有经过深刻的自省，人的一生就是在循环往复的强迫性重复中度过，无论是我们的情绪、行为、职业还是兴趣爱好，甚至包括我们受过的伤，走过的路，见过的人，都逃不过强迫性重复的怪圈。

关于强迫性重复，将在第四章进行详细讨论。

· 过度囤积

"面对痛苦和危险，我总要主动做些什么才好。"

剁手党，本意是"购物狂"自我憎恨，以期杜绝购买欲的戏称。随着心理学的普及和发展，人们越来越认识到，热衷购物，在家里囤积大量的物品，可能也有隐含的潜意识动力，甚至可能是一种严重的心理问题。

过度囤积的潜意识动力之一，是缓解内心的空虚和孤独感。

心理学家常把房子比喻为人的心理空间。当一个人的内心很混乱时，常常也会把居所空间弄得很乱。可是，如果这个人的内心感觉是空虚，是匮乏，却会无法忍受空荡荡的房间。因为那会把他内心的空虚和孤独感现实化、视觉化，赤裸裸地昭示着"没有人爱"的境遇。为了避免被这种痛苦的感受包围，他会忍不住就想往家里运东西，食物、物品、工具等等，直至把所有空间都塞满。人是需要陪伴的，哪怕陪伴自己的，是没有生命的物品。

过度囤积的潜意识动力之二，是享受花钱的感觉，通过花钱提升自尊和自我价值感。

金钱也是一种能量，在金钱的加持下，会让人感到自己是强大的，有权力的，应该被好好对待的。因为人在花钱消费时，会得到商家的服务、感激和赞美，会感觉自己像上帝一样，有能力给予，有能力满足别人的欲望。这种心理感觉，正是低自尊低自我价值感的人所渴望的。所以，表面看来他们是在购物，实际上却是在购买好感觉。然而遗憾的是，这种好感觉，只在付钱的那一瞬间才会产生，所以他们不得不反复购物，直至家里囤积如山。

过度囤积的潜意识动力之三，是通过做些什么，获得控制感和安全感。

新冠病毒疫情刚开始时，市场上一度出现口罩脱销，是人们由于恐慌情绪，大量囤积口罩造成的。事实上这一年多来，国内外的人们不只囤积口罩，还囤积纸巾、粮食、药品等生活物资。这其实是本能性的对恐慌焦虑情绪的防御行为，并且是有着积极意义的心理防御。

如今大家都笼罩在病毒侵袭的威胁中，没有人能告诉我们，这种情况什么时候能过去。只要稍具心理能量，在面对危险时，都会想办法做点什么，好获得心理上的控制感和安全感。适当囤积物品的做法，可有助于缓解对外部环境的失控感，重新找到心理的秩序感，就是那种"我做了很多保护措施，已经将危险降到最低"的踏实和心安。

如果过度囤积已经严重影响了生活，就要着手进行一些心理上的调适和改变。比如尝试建立有意义的亲密关系，通过自我对话，为自己提供爱和陪伴的感觉，经常觉察自己的感受，通过语言和写作，去表达内心的感受，而非一味诉诸买买买。

反复确认

"请告诉我,我是安全的,好吗?"

心理学领域对"强迫症"的定义是:一种反复持久出现的强迫思维或强迫行为,哪怕在理性上知道,这些思维或行为毫无意义,也无法控制。而反复确认,就属于强迫性思维的一种,即无法控制地去想某件事的细节,担忧这件事是否已经处理好,并反复向自己或他人确认。比如明明已经锁了门,却总担心没有锁好,反复去查看到底有没有锁;或者明明已经带了钥匙出门,却总是不停翻找钥匙,确认它确实好好地躺在包包里。

一般来说,会出现强迫症状的人,大多都有一些强迫人格的倾向,即性格上刻板固执,追求完美,害怕犯错,拒绝改变等。从心理机制上来说,所有的强迫症状,都是一种对自我系统的保护,也就是说,表面看来是得了强迫症,是心理生病了,但事实上,这个所谓的"病",却有着积极的意义。

人们在通过反复确认一件无意义的小事,来让自己避免想到另一件可怕的大事。比如,如果"我锁门了吗"充斥着全部的心理空间,就顾不上再去想"我很害怕""我感觉不安全"的感觉了,同样的,如果不停想"我带钥匙了吗",那种"我能回得去家吗""我的家在哪里"的声音,就没有空间进入自我意识了。

值得一提的是,新冠疫情暴发后,有些平时大大咧咧的人,也会出现强迫思维和行为的情况。比如明知道自己感染病毒的概率非常小,却每天不停地测量体温,监测自己的呼吸和喉咙,甚至反复洗手,反复去做核酸检测。这种因环境变化导致的心理动荡,应理解为一过性的心理应激反应,而非直接定义为强迫症。人们需要意识到,自己的强迫反应,其实是一种情感上的求救信号,他们在通过反复确认的行为,向身边的人寻求关注,希望家人和朋友对他说:"放心吧,没问题,我们很安全。"只要情绪上得到安抚,这些反复确认的情况就会得到缓解。

要缓解强迫症状,最核心要做的,还是循着表面的症状,去追问自己的内心:我在害怕什么?我在逃避面对什么?而后倾听自己真实的声音,去面对真相。

贫穷泥沼

"父母一生清贫,我怎么好意思富有?"

大多数人会把贫穷归因于环境和命运,比如社会制度有问题,地区经济太落后,投胎不好等等。这些现实因素是不可否认的(这是最表层的原因),但是,如果一个人,没有生活在资源过度匮乏的偏远地带,也没有遭遇医疗费不菲的重大疾病,更没有发生自身无法左右的天灾人祸,然而拼尽了全力去工作,赚来的钱却不够支付基本开销,并且这种情况已经持续多年,看起来短期内也不会有改善……这就是个问题了。

贫穷的表层原因是，人们每天疲于应付关乎基本生存的、迫在眉睫的困境，无暇做长远的职业和生活规划，更没有余力为将来的发展做投资，由此造成贫穷的恶性循环。这种长时间的恶性循环，大大降低人们忍耐焦虑的能力，进而放大主观感受上的生存危机，眼界和思维模式变得狭窄，只看重眼前利益，忽视长远价值。

贫穷的底层原因则更加复杂一些。贫穷有代际传递的特点，因为人会本能地向父母看齐，如果父母缺乏富有的思想、知识和方法，还深谙贫穷生活的智慧并以此感到自豪，他们的孩子也会对此缺乏觉察和思考，那么孩子在成年之后，可能简单直接地模仿父母，也可能陷入心理冲突之中——渴望过富有的生活，却又对父母感到内疚（如果我超越父亲，就像是背叛了他，甚至是一种精神上的"弑父"），因而行动上放弃对财富的追求，甚至自我破坏，故意做些什么让自己损失钱财。

长时间身陷贫穷泥沼，会导致心理和情绪上的问题（也可以反过来说，心理和情绪上的问题会导致贫穷），然后又进一步加剧贫穷。当人们不得不耗费大量时间、精力和心理空间去应对内心的挣扎和困顿时，能分配给现实生活的注意力自然就会减少。那么，贫穷就成了必然的结果。

要中断贫穷的恶性循环，除了勤奋工作、减少负债、开源节流这些现实的努力，还要整理自己的内心，检查自己对贫穷和富有的理解，对金钱的态度和想法，尤其是要提升忍耐焦虑的能力，减少只顾眼前利益的短期决策，为生活做长远的总体规划。

·透支消费

"钱不是万能的,但我觉得钱可以填补空洞的内心,消除心灵的痛苦!"

自从房地产进入市场化,透支消费的观念像龙卷风一样横扫了所有人。人们向银行贷款,已经不限于买房子,还用在生活消费的方方面面。如果个人收入和消费欲望之间差距过大,生活幸福度就会下降,还可能妨碍心理健康。某综艺节目里,一个女大学生刚刚毕业,工作还没找到,就已经贷款十万元。可以想象,背负这么沉重的债务,她在找工作时势必更看重眼前的工资收入,而非个人的兴趣特长、职业理想和上升空间。

被贷款和欠债绑架的人生,何谈心灵的自由,何谈做自己呢?

普遍的观点认为,人们过度透支消费是因为虚荣、攀比、被欲望驱使,但我认为,真正的原因远不止于此。被物质生活引诱,不惜透支消费的人,极有可能在他们的童年期,大部分快乐的体验都和金钱有关。比如父母用金钱来弥补陪伴的缺失,用金钱来代替精神上的奖励,也用金钱换取某些非正当渠道的利益。他们从父母那里学习到金钱可以用来代替情感需求,甚至可以解决任何问题。

透支消费的行为,可能是在定义"我是谁",比如用花钱如流水，认同父母的消费风格（或反叛父母的节俭）；也可能是在寻找他人的认同，比如用周身名牌和奢侈品，加入高阶层群体；但更大的可能，是人们把金钱当作一种解药，用以缓解情绪上的痛苦，找到对生活的控制感，或者解决某些棘手的现实问题。比如跟伴侣吵架了就刷爆信用卡（发泄愤怒），为了不让父母催婚就贷款买房子（抵御内疚），失恋了离婚了失业了就去网购（排解空虚和挫败）等等。

遏制透支消费的行为，仅仅通过头脑上的劝诫，理性的利弊分析是远远不够的。最有效的做法是检查自己的思想和内心对金钱消费的看法，如何理解爱和被爱，思考自己对生活的期待。当内心感到空虚、痛苦、无助时，采用消费之外的方式去解决，比如运动、阅读、看影视剧、找朋友倾诉等。

·炫富行为

"我有很多钱，说明我有很多爱，我是被爱的。"

我们不喜欢别人炫富的行为，一是因为会激起自己的羞愧和嫉妒，二是因为炫富带有孩童化色彩。一个人明明已经成年，说话做事却像小孩子一样，会让其他成年人感到滑稽，因而难以尊重他。

炫富的心理动因之一是心理补偿。

父母在养育子女的过程中更关注物质的满足，而忽视了情感的陪伴和滋养，孩子对父母的育儿风格采取了合理化策略，即认同父母的做法，忽视自己情感上的需求，更多关注物质和金钱的满足。所以有些富二代在炫富时，其实是在告诉自己：我有很多钱，说明我有很多爱，我是被爱的。

另一种心理补偿的情形是，童年阶段饱受因贫穷所致的艰辛和歧视，通过努力获取大量财富之后，总有一种渴望补偿儿时缺失——爱和自尊——的愿望。这种炫富的内在声音是：我希望所有人看到，我已经不是那个无助的孩子，我应该得到爱和尊重。

炫富的心理动因之二是对羞耻感的防御。

童年期没有得到应有的情感养育的人，总是有一种莫名的羞耻感，因为他们的潜意识深处认定，父母没有给予应有的爱和关注是因为自己不够好，自己没有能力取悦父母（而非和父母有关的因素）。羞耻感，是人类最隐秘的感觉，也是最难以承受的感觉。本书后面的部分会详细谈论这种感觉对人的影响。

在羞耻感的影响下，人们可能缺乏追求爱的勇气，难以进入真正敞开的亲密关系，这又反过来加重羞耻感，因为"没有爱≈我不好"。此时的炫富带有某种欲盖弥彰的意味：虽然我没有爱，但我很有钱，所以我依然是很棒的人！

古人告诫说"财不外露"，但在如今和平稳定、保护私人财产的法制社会，露财最可能引发别人的羡慕（嫉妒），得到心理上的满足感。也就是说，作为一种心理防御方式，炫富带给个体的负面影响并不大。所以，如果生活中没有发生重大的足以影响人生观的事件，人们可能不会轻易改变这种行为方式。

Part 4

焦虑是因为你在无意识地重复

当社会环境发生急剧变化,面临未知和不确定状态时,人们会被强烈的不安全感笼罩,此时就容易触发心理上的退行,可能会强化某些强迫性重复的行为和感觉。

焦虑是因为
你在无意识地重复

　　同样的环境变化会给不同的人带来不同的感受，也激起不同的应对方式。发生社会突发事件后，面对压力和变化，有些人可以平静度日，韬光养晦，有些人变得焦虑烦躁，还有一些人，总是被一种绝望无助的感觉环绕，因而变得沮丧，抑郁，感到失去希望。当市场遭遇剧变，有些人能够及时调整策略，顺势而为，静待良机；另一些人却被焦虑和恐惧裹挟，乱了阵脚，胡乱投资。

　　如果说，那些从容应对变化的人是自信强大，还不如说，他们只是比较幸运，在童年早期得到了良好的照顾，所以外部环境的变化没有激发过去的心理创伤。

　　如果没有意外，也没有刻意的自我觉察，人的一生都会在重复童年早期的生活体验中度过。外部环境的变化很可能会打破原有的平衡，使原本自循环的心理系统变得混乱不堪。

△ 人生剧本，在襁褓中就已书写

在李平的童年记忆里，从来都是他自己给自己做饭，自己陪自己写作业，每天临睡觉时，父母还没有回来，早上起床时，父母已经去上班了。成年之后，李平也喜欢独来独往，如果有人跟他说话，他会感到莫名的紧张、焦虑。新冠疫情发生以来，虽说生活的便利性受到影响，可是李平却感觉很高兴，因为所有人都戴着口罩出入，各种聚会也减少到了最低，他再也不用背负跟人打交道的压力。可是，每当这种感觉从心里冒出来，李平也会同时感到内疚，害怕，觉得自己不是正常人，进而自我厌恨，感到自己不配活着。

和李平相反，车小波在童年时期，和爷爷奶奶、父母、叔叔婶婶、堂弟和堂妹，共同生活在一栋带院子的三层楼里。为了节约开支，生活用品都是公用，爷爷奶奶掌控着全家人的生活日程，大家吃饭、娱乐、休息，都要听爷爷奶奶统一调配。成年后的车小波，非常沉迷社交，任何时候，只要有人叫他出去，无论是喝酒还是打牌，唱歌还是聚餐，哪怕他已经很累了，也会立刻响应。然而新冠疫情发生之后，这些社交活动都受到很大影响，他不得不常常待在家里。很长时间以来，车小波变得沮丧、抑郁，感到生命活力的丧失，被医生诊断为抑郁症。他也因此对自己失望，认为自己太过于脆弱，是缺乏男子气概的表现。

虽然不容易，但是没关系

　　如果没有经过深入的自省，人的一生都将在强迫性重复中度过。李平潜意识里认为，生活就应该是与他人隔绝，正如车小波认为生活就应该和他人共度。哪怕李平不得不承受孤寂和人际焦虑，车小波的个人空间不断被侵入，也很难让他们改变这种想法。即便他们意识到了，自己正在强迫性地重复着童年的生活体验，想要改变这种重复，也不是那么容易的事。

　　在生命早期遭受过强烈而长期的心理创伤，会对神经系统造成一定的损伤，导致自我保护的功能受损，今后还可能遭受更多次类似的创伤事件。因为人们会在无形力量的驱动下，创造与童年期类似的情境和状态，找寻和童年期相仿的关系和感觉，而后自导自演一幕幕规定情境的舞台剧。

　　规定情境，是戏剧艺术的常用语，即演员在演绎艺术角色时，要同时兼顾外部环境的客观事实（剧本规定的情节、时间、地点等）和角色内部的心理状态（性格、心理、情绪状态等）。

　　我们人生的剧本，早在襁褓中就已经开始书写。父亲的人生态度，母亲的养育风格，父母的关系模式，家庭的文化和氛围，都写入我们的认知和感觉里，并在身体记忆里刻下永久的烙印。如果儿童时期对关系的经验是信任，那么你成年之后就会不断复制信任；如果相反，儿童时期对关系的经验是敌意，那么你在长大后也会不断复制敌意。我们不但会挑选那些像父母的人来亲近，还会"教"那些原本和父母不像的人，如何用和父母相似的方式对待我们。

　　李平人生剧本的规定情境，是建立一种"身边没有人"的环境，避免和任何人建立关系，扮演一个孤独、焦虑、凄凉的人。

而车小波人生剧本的规定情境，是建立大量人际关系，配合别人的行程安排，扮演一个被安排、被操控、缺乏自主性的人。

表演艺术有技术派和体验派之分，二者之间的差别是：在舞台上，技术派演员在认真投入地扮演角色，体验派演员则是催眠自己，进入忘我状态。换言之，技术派演员和角色之间有缝隙，而体验派演员是和角色融为一体（后者更容易打动观众，但对自身的消耗也很大）。

作为自己人生舞台剧的演员，李平和车小波都是非常极致的体验派。只要进入和童年经历相仿的情境，见到与父母有类似特质的人，潜意识里的开关就自动打开，进入自我催眠状态，和童年期的自己融为一体：表面看起来他们还是一如往常，但感觉和意识已经远离当下的客观现实，感觉上变得无力无助，认知上变得模糊朦胧，会做一些在别人看来无法理喻的决定，产生一些在理性状态下连自己都觉得逻辑不通的想法，还会做一些违背自己的意愿、并非发自本心的言行。

强迫性重复让人们呈现类似成瘾的特质，即明知道某段关系（某个行为）是有害的，却不可遏制地一而再再而三地重演。弗洛伊德对此进行了非常经典的描述："这是一个完整的游戏，结束，然后循环往复"。深层心理学认为，当潜意识否认或回避了最初的痛苦感受，就会带来行为上的无意识重复。这个过程就像人们把痛苦从心灵觉知里挤压出去，痛苦无处可去，只好在身体上安营扎寨，用行动和疾病来表达痛苦的感受。

当社会环境发生急剧变化，面临未知和不确定状态时，人们会被强烈的不安全感笼罩，此时就容易触发心理上的退行，可能会强化某些强迫性重复的行为和感觉。若要认识到自己的状态，恢复当下的觉知，人们可以常常静下心来询问自己：

　　我的人生剧本是什么样的？

　　我给了自己什么样的规定情境？

　　我饰演了一个什么样的角色？

　　在我的人生剧本里，我赋予别人什么样的角色？

△ 职业选择：强迫性重复

"你为什么做心理咨询师？"

这是我最常被别人问到的问题，也是我最经常自问的问题之一。

当我在犹豫是否进入心理咨询行业时，当我在工作中遇到困难和挑战时，当我在写作和咨询之间协调精力时，对这个问题的自问自答，常常能帮我找到前行的动力。

随着自我理解程度的拉伸，我的答案也层层递进到灵魂的深处。最初我觉得，是因为我喜欢探索自己，也对人和人性的本质感兴趣。后来我发现，心理咨询师这个职业可以最大程度发挥我的天赋能力，同时完美规避我的性格短板。然而最近这几年，我意识到，我之所以做心理咨询师，并不全是上述那些原因，或者说，那些只是表面原因。

我会被心理咨询师这个职业所吸引，其实是命中注定的事。

从选择做我父母的孩子之时，从我无意中通过控制自己去稳定父母的情绪并取得良好效果之时，我的思想、心灵和感觉系统就印刻了丰富又复杂的体验。这些体验促使我在成年后无意识地搜寻与他们类似的人，以便创造与当年相仿的情境，品咂近似的关系体验，好让我的"独门秘籍"得到发挥空间。因为我的潜意识渴望重温那些成功的体验，渴望再次回到童年期的熟悉感，渴望和童年期的父母连接，表达对他们的爱和忠诚。

个体的职业选择，其实也是一种强迫性重复。在咨询工作中，我无数次发现，职业选择和强迫性重复之间的关联。

父母向孩子隐瞒重大事件，以致家庭各处谜团遍布，为了解开疑惑，孩子不得不遍寻蛛丝马迹，寻找真相——他长大后，成为一名法医；父亲冷漠隔离，非常关注规则对错，吝于向孩子表达情感，恰好这孩子遗传了与父亲相似的性格特质，他与父亲一样强硬，试图通过向父亲认同来证明自己的价值——他长大后，成为一名警察；出于各种原因，父母对孩子是忽视的，为了体验被关注的感觉，孩子不得不做一些吸引眼球的事，比如发展才艺，享受众人的目光和掌声——他长大后，成为一名演艺人士。

有些人通过职业选择升华了童年创伤，即把心理创伤变成心理资源，另外一些人却会通过职业选择，重演童年期的痛苦经历。比如父母极度苛刻，总是提出过高的学业要求，孩子不得不把自己所有的时间精力都投注在学习上，以满足父母的期望——他长大后，强迫性地读书、考证、拿学位，学历很高却没有与他人合作的能力，只好失业在家继续考各种证；或者父母经常搬家，孩子不得不经常转学，每年都得去新学校，和新同学相处——他长大后，总是不自觉地想搬家，想换工作，所以经常应聘到濒临倒闭的企业，即将解散的部门。

检视自己的生活，询问自己："回望我的生活，我认为自己在重演什么样的早期经历"，对于自我觉知，重获生活的主控权是非常重要的。

△ 心理创伤造就独特的我

在我们之中，大约有80%的人在成长过程中都曾遭遇过不同程度的心理创伤。有些心理创伤是单次的、急性的，比如地震、车祸、强奸、感染新冠肺炎等，而另一些心理创伤是累加的、慢性的，比如战争、虐待（身体、精神、情绪）、忽视等。相比较而言，后者对一个人的影响更加深远，治疗起来也更加艰难，需要更长的时间来修复。

心理创伤可能导致痛苦的强迫性重复，但这重复也有一定的积极意义。 因为人们应对创伤的方式，经常都有一定的获益性，正是这些继发的获益，让人们欲罢不能，无法停止对创伤的重复。

举个例子。有些人看起来比实际年龄要年轻很多——无论面容，还是性格、行为、处事风格都是如此。这是因为，心理创伤导致强烈的羞耻感，让人们不得不用解离的方式来应对，而这种解离，会让他们有一种超凡脱俗的纯真气质，显得容颜不老。很多文艺工作者都是这样，远离人群，远离烟火气，在长时间的自我封闭中醉心于文艺创作，进而取得很高的艺术成就。在别人眼中，他们总有一种孩童般的气质。

类似的例子还有很多。由于太害怕失败的惩罚，工作狂们把自尊和自信完全建立在工作之上，这让他们取得很多现实的成功：职位的晋升、金钱的回报、优渥的物质生活；为了看清自己本来的样子，探索自己和世界相处的最佳姿势，变色龙们过着不安定的生活，因此成就了丰富多彩的人生体验，我认识一位旅游博主，更是以此为职业，每天直播自己在路上的生活，圈了好多粉丝；因为害怕受到亲密关系的伤害，有些人选择了万年单身，但这也让他们得到大量的空间和时间用于学习、工作、阅读、旅行等，因而取得很多领域的成就体验。

再来说说我自己。和大部分心理咨询师一样，童年时期的我要花很多气力去照顾情感脆弱的母亲，也要随时准备应对会突然暴怒的父亲。无论是基因遗传，还是后天的养育环境，都培养了我敏于他人的情绪和及时提供回应的性格。虽然这让我容易情感脆弱，却也让我在亲密关系上如鱼得水。哪怕是朋友圈里公认最挑剔、最不安全、最难以相处的人，我也能轻松赢得他们的信任，让他们因为和我在一起而感到安心。我的心理创伤同时也是我的心理资源，它们帮我赢得亲密的友情和爱情，指引我发展出阅读和写作（真是自我疗愈的好通道）的习惯，还带领我走上助人职业的道路。

正是心理创伤让我们成为独特的富于魅力的自己。这也是有些艺术家明知道通过心理治疗可以让他们摆脱心灵的痛苦，得到宁静和谐的内心，也不要去做的原因。他们享受自己的痛苦，喜欢自己的伤口，因为那正是他们艺术创作的灵感源泉。如果人们意识到这一点，就不会再为了自己的"心理问题"感到羞耻，而是能开始去探索"心理问题"的获益性——**唯有深刻地意识到，我们通过强迫性重复得到了什么好处，又带来了什么坏处，改变才可能发生。**

△ 告别"假快乐"

来到咨询室里的人们总是带着各种各样的困扰：难以进入一段亲密的关系，或者相反，身陷一段又一段没有结果的恋情；身处一段饱受言语和精神虐待的关系却无法抽身，或者相反，无法克制地批评、贬低伴侣，以致关系疏离冷漠；抑郁地待在家里无法出去工作，或者相反，像上了自动发条一样对工作上瘾，导致各种健康和关系问题；太过于依赖他人甚至失去自己，或者相反，无法依赖任何人而活成了一座孤岛……有些人会用十个小节的咨询时间讲述自己的生活经历，另一些人却只用一个小节就说完自己几十年的人生。

和独特的、富于魅力的来访者们一起在潜意识深处亲密共舞十余年，我逐渐发现了心灵的秘密，那就是：

我们的痛苦——无论是什么内容——总是伴随着不易觉察的<u>丝丝快乐</u>。

李幺妹有一位性格暴躁，时常打骂和羞辱她的父亲，她的母亲性格软弱，每当父亲叫嚣愤怒时，都会躲到一边，让李幺妹独自面对那可怕的局面。在成年之后，李幺妹谈了三场恋爱，2018年和第三位男友结婚了。不幸的是，三个男人都对她有不同程度的家暴。她说："我一开始以为，我老公比那两个男人好。没想到结婚后，他就像变了一个人，跟我父亲越来越像。"

舒小雅7岁那年被邻居伯伯性侵，她哇哇大哭，狂奔回家找妈妈，结果迎接她的是一顿毒打和责骂，因为妈妈认为是她太坏了。后来发生的故事让人痛心。舒小雅进入青春期后遭遇过各种形式的性骚扰，2020年夏天，她通过校园招聘，满心欢喜地加入了一家大公司，却在入职第一天就被上司强奸了。

董大风出生在一个小城镇，他的母亲在当地以风流闻名，据说他们镇上好几个小店铺的老板都是母亲的情人，父亲却对此置若罔闻。整个童年和青少年时期，董大风常被邻居和同学嘲笑羞辱，他也因此拒绝和母亲说话。成年之后的董大风谈了七次恋爱，每次谈恋爱都付出真心，可是每一次都没能修成正果。因为他遇到的女朋友不是出轨被他当场抓现行，就是同时交往好几个男友，把他当备胎。

甄平的父母事业有成，工作非常忙碌，他的童年时期是和保姆、亲戚、爷爷奶奶一起度过的，父母每隔六个月能回家看他一次。甄平27岁结婚，婚后不满一年就遇到了一个到外地的工作机会，他不顾妻子反对，执意前往，开始了长达15年的异地婚姻，他每隔半年就回家小住一周，其他时间都在工作地度过，哪怕孩子出生之后也是一样。

李幺妹因为被丈夫家暴而感到愤怒，但其实，每当她用可怜悲惨的状态把丈夫暴怒的拳头变弱，转而抱着她哭泣时，她就会有一瞬间的成功和满足感；舒小雅的快乐和李幺妹相似，她愤怒于自己被支配的物化位置，但也非常享受成功躲过性侵害的控制感和能力感。这是潜意识让她们反复历险的根本原因。

只不过，痛苦在明，是稳定存在的，而快乐在暗，是转瞬而逝的。

董大风为了不被同学耻笑，放弃了和母亲的情感联系，所以他的每次恋爱，就是去亲近和母亲有相似特质的女人。虽说屡遭背叛很痛苦，但他的快乐在于，满足了童年和青少年时期的情感缺失；甄平在父母的忽视中长大，在他为人夫为人父之后，也不自觉地模仿父母的做法，忽视妻子和孩子，虽然这让他无法得到家庭的温暖，但也因此完成了对父母的认同，他的快乐在于：如果我和父母一样，我就能得到父母的爱。

在本书第二章里，所有"标签"的症状背后都有类似的心理模式。

在心理咨询室里，我总在默默等待某些时刻——来访者充满痛苦地诉说，同时又流露出丝丝甜蜜的时刻——的来临，因为那时我就能拨开话语的迷雾，不失时机地指出：

"此时此刻，当你说着这些令人难过的事，你有95%都是痛苦的，但似乎在某个缝隙里，还藏着不易觉察的5%的快乐。"

于是我们得到一个机会——讨论某个选择如何好坏参半的机会。

正如我在上文所言，心理创伤同时也是心理资源，一个看似有问题的行为模式通常都是当事者用来解决心灵痛苦的方式，而那些表面看起来积极的思想，却可能携带着负面的影响因素，带来恶性循环的——情绪、关系、财务等——生活和心理困境。

把潜藏在痛苦夹缝里的快乐找出来，认识到这个快乐的非理性特点，与这个快乐告别，停止对这个快乐的追寻，对于终止强迫性重复，有着非常重要的意义。

△ 其实可以逆天改命

一个人的性格，到底是天生的遗传基因影响更大，还是父母后天的养育影响更大？

这是我最常被问到的另一个问题。对此我的回答是：遗传基因和后天养育对人的影响都是百分之百，如果必须对这两个因素进行排序，那么我会选遗传基因和生命早期的母婴互动质量。

作家王海鸰在小说《中国式离婚》中生动描绘了女主人公林小枫其人。林小枫一出场就裹着浓浓的俗气、虚荣、不知足的气息，而她父母的家境、学识、教养却和她很不同。尤其是林小枫的母亲，知性、宽容、明事理（情感压抑），跟她特别不一样（她情绪特别容易激动）。很快，作家就告诉我们，林小枫是父亲当年插队时与别人生下的私生女，也就是说，虽然她自出生起就由性情温和的养母抚养，也读了大学，接受了良好的教育，但她的脾气性格、精神世界、对人和生活的理解却酷似那未出场就病逝的亲生母亲。

新生婴儿需要和母亲的右脑同步，当母亲能准确读取婴儿的语言含义，然后给予同频的调谐、呼应，婴儿才能有安全感，才能让身体和精神得到较好的发育空间。然而养母在养育林小枫时早已过了生育期，缺乏孕激素的刺激，自然没有准确读取、及时回应的生物本能，这就是很多有抱养经历的人，虽然得到很好的生活照顾，但在成年之后仍存在诸多情绪和心理问题的原因。

在心理咨询工作中，我见证过很多类似的案例：从小没有在父母身边生活（有些甚至从不曾相见），在成年后才开始与父母共处（或与父母相见），而后发现两人竟有那么多相似的地方，尤其是性格和行为模式。也就是说，人们不仅从父母那里遗传了身体发肤，还会遗传他们的疾病（包括身体和精神）、心理创伤、行为模式、兴趣爱好、天赋能力、思想认知等等。值得一提的是，父母也有很多东西遗传自他们的父母，这就是古人说"侄女似姑，外甥似舅"的原因，也是有些身体和心理问题表现出家族聚集性的原因。比如父母离婚，子女离婚的概率就会增高；父母家暴，子女遭遇家暴（或被家暴）的可能性也比其他人更高；长辈的婚姻是买卖、换亲或包办的捆绑夫妻，到了年轻一代也可能在不觉间进入没有爱情的婚姻等等。

　　人的主要情绪和性格特质相当一部分都来自遗传。也就是说，有些人天生就是抑郁的，另一些人则天生乐观；有些人天生敏感焦虑，另一些人生来就粗线条。这是一种自身无法左右、不能自主选择的生命基调。无需说那些带有迷信色彩的话，我们不能否认，祖先走过的路，说过的话，做过的决定，坚信过的想法，都会影响世代子孙性格和命运的事实。陈忠实的长篇小说《白鹿原》，林耀华的人类学著作《金翼——中国家族制度的社会学研究》，都不约而同地用两个大家族的年代变迁揭示了这样的内在规律。

　　但并不是说，如果你的祖父和父亲脾气暴躁，过于焦虑紧张，难以与他人亲近，你就一定和他们完全一样，这实在太绝对了。不要忘了，你也有来自外祖父母和母亲的基因，有可能你的基因组合里更多继承了母系的特质。也绝对不能忽视后天养育的

重要性！ 即便你遗传了祖父和父亲的性格特质，却幸运地遇到了一位温柔的、包容性的、情绪稳定的母亲，在她的关怀呵护下可以极大程度上修正基因遗传带来的天性。如果林小枫一早知道自己的身世，就能真正吸收养母的爱与营养，得以养成健康稳定的情绪模式。

对普通人来说，观察父母和祖辈的性格特点、行为模式、生活轨迹、主要情绪等，有助于了解自己是谁，一方面吸收来自祖辈的能量馈赠，另一方面对自我接纳是很有裨益的（对自己承认，我是父母的孩子、祖父母的孙子女）。我们可以把祖辈的优点发扬光大，把那些有碍于幸福的缺点还给他们，同时发展属于自己的风格，作出属于自己的选择，成为自由独立的自己，而非由着基因遗传和心理认同机制，强迫性地重复家族的命运。

△ 羞耻感：身体和情绪之间的一堵墙

在较早期的工作中，我常有的困惑是：我已经帮助来访者看到他在强迫性地重复着童年的创伤，他不断重演着生命早期的关系模式（或行为模式、情绪状态等），却为什么没有实质性的改变？

在疑惑不安中，我不得不安慰自己：也许是因为，来访者的看到并不是真正的看到，或许，仅仅看到是不够的，还需要去感受到，唯有深深地感受到，改变才会发生。于是，我花了很长时间思考和观察，究竟是什么在阻碍人们的感受？还不断自我反思：是不是我无法营造安全的氛围，让来访者难以信任和放松？

直至有一天，我参加了David J. William博士的"依恋课程"，在谈到"依恋创伤"时，他分享了自己的工作和个人经验。他提到，羞耻感会在身体和情绪的体验之间竖起一堵墙，阻碍人们触碰自己的感受。我立刻就豁然开朗，理解到了童年创伤、强迫性重复和羞耻感的关系模型：

童年创伤 → 羞耻感 → 对羞耻的恐惧 → 感受中断 → 强迫性重复

简单来说，这个模型的含义是，童年早期的关系创伤会让人们产生"我不好、我没有价值、我不值得被好好对待"的感觉，即羞耻感——这是一种否定自身全部价值、令人非常恐惧的强烈感受。为了让自己不至于精神崩溃，心理防御系统会选择屏蔽这种感觉——每当这种感觉来临时,人们会让身体紧张起来,头脑也停止思考,只是让身体进行机械的活动。这种自我保护的心理机制,好处是让人们继续好好活下去,负面影响则是失去对自身状态的觉知,不知不觉地用孩童的方式应对当下的生活,在强迫性重复的泥沼里反复兜圈,显得思维僵化,注意力狭窄,只能部分地投入生活。

在第五章里,我将详细谈论羞耻感如何干扰人的自我觉知,如何破坏人的身心健康。我此刻特别想说的是,意识到羞耻感和强迫性重复之间的关系之后,当我再次来到咨询中,变得对来访者的感受更加敏锐,也开始关注来访者的身体感受;只要注意到来访者的面部肌肉变得紧张,眼神变得涣散,就停止谈话治疗,邀请他们关注自己的呼吸和身体,并尝试描述自己的感觉。我调整了沙发的角度,尽可能地和来访者面对面就座,当他们被羞耻感充满时,我就让自己的呼吸更深更慢一些,让他们跟随我的状态和节奏,调节自己的呼吸和身体感觉,不再被羞耻感吓退,而是能稳稳地待在自己的感觉里。

一个学会了与羞耻感共处的人,就像是屹立在波涛汹涌里的弄潮儿,因为不再被海水淹没,对自己的身体拥有掌控感,对周围的环境也感到安全,才能够自由选择要去的方向,不再被过去的认知和感受所干扰,走出强迫性重复的怪圈。

△ "耻感文化"阻碍你做自己

要打破强迫性重复,从无力地被命运裹挟前行的意识状态下苏醒,就需要人们具备自我观察、自我反思和自我负责的心理能力。然而对大多数人来说,这是一个莫大的挑战。

在儒家文化中成长的人都会有与生俱来的强烈羞耻感。"物耻足以振之,国耻足以兴之",孔子一早就认识到羞耻感可以指导和制约人民的行为,所以历代统治者都把激发人民的羞耻感作为管理国家的重要手段,进而形成一种重视道德规范、在意他人眼光的民族性格(这一点连皇帝也不例外)。

儒家文化对人的期待是:向内慎独自省,向外见贤思齐。但这注定只能成为一种理想,因为"耻感"文化下的中国人,普遍缺乏自我评价的意识和能力。当人们在向外看时,见到的不是贤人,而是想象中贤人对自己的耻笑和羞辱,对自身不足的贬低和攻击。如果一个人的内心被羞耻感充满,根本就没有空间再去慎独内省了——外有猛虎(他人的评价和眼光),内有豺狼(自身的羞耻感),自我便会进入不安全的应激状态。忙着在战斗和逃跑中择优实施,哪还顾得上自我反思。这就是人们明知拖延症、工作狂、厌食暴食等其实是一种心理问题,应该要自我反思,应该要自我管理,应该要……却又感到无力无奈无助,只能任由惯性拖着走的原因。

要从强迫性重复的闭环里脱身,关键性的内在工作是:

一、定位强迫性重复

人们之所以循环往复地走进同样的困境，对生活、关系、某种处境感到无力，不得不被动承受某种痛苦纠缠的状态，内心想要摆脱，认为应该改变，却又被无形的力量拖拽，陷入抑郁、焦虑、无助等心理感受无法自拔，总有一种"拿自己没办法"的感觉……并不是因为他们太无能，而是陷入对童年创伤的强迫性重复（自主意志完全失效），是潜意识创造的规定情境舞台剧（一再上映相似的剧情），是成年的身体里活跃着孩童时的强烈渴望（在他人看来是不可理喻的）。

定位强迫性重复，即在理性层面认识到，哪一些想法、行为、情绪并不是立足于当下的现实，而是在重演过去（童年）。

二、认清和纾解羞耻感

强迫性重复必然伴随强烈的羞耻感。我们的文化本就崇尚通过激发羞耻感来催人奋进，若个体又经历过长期的心理创伤（忽视、虐待、暴力等），就会进一步加剧羞耻感的强烈程度。比如认为是自己太坏，才导致父母糟糕地对待自己；是自己太无能，才无法改变痛苦的家庭氛围；是自己太没有价值，才没能阻止父母的某些决定；或者是相反的方向，认为是别人太坏，才导致自己如此受苦；是父母太无能，才让自己生活在痛苦中；是社会太无情，自己才活得如此困顿。前一种心态让人们过度承担责任，在"我不好、我很糟"的感觉中挣扎，后一种心态则让人们推卸自己的责任，无法直面金钱、关系、自尊上的困境。

认清羞耻感，即在理性上认识到自己惯用什么方式回避或呈现羞耻感；每当羞耻感来临时，身体是什么反应，头脑是什么想法，还可能呈现什么行为。

认识了羞耻感的内容和形式之后，再来学习各种疏解羞耻感的方式方法，学会与羞耻感共处，改变与羞耻感的认知和连接方式。

三、加强主体感

农业社会的主要特点是社会流动性弱，在古代，若非战乱、饥荒等外部压力，大部分人从出生到死亡，都不会离开自己的故乡。由于高度依赖他人和集体，人们不得不调整自己，以迎合外部环境的需求和期待（人的生存本能使然），就像小婴儿必须调整自己，以适应父母的养育风格一样，这造就了中国人缺乏主体感的民族性格。

<u>缺乏主体感，其实就是缺乏自我认同感，不能客观地评价自己，因而过于在意他人的眼光和看法，即把自己作为客体去看待和感受</u>。这就导致人们对自己的感觉不稳定，时而觉得自己还不错（因为别人说你好），时而又觉得自己很糟糕（因为没人说你好或有人说你不好）。

不稳定的自我形象给人们带来极大的心理压力。一方面是感到自我的混乱，会怀疑自己的想法和感觉，也会对自己进行无情的攻击；另一方面是难以维护自己，害怕冲突，在表达自己的部分遇阻，或者和别人意见不一致时，会不自觉地放弃自己的立场。这又会反过来激化人们的羞耻感，感到自我效能的不足，认为是自己太懦弱，体验到强烈的自卑感。

上述几个部分的影响关系如下：

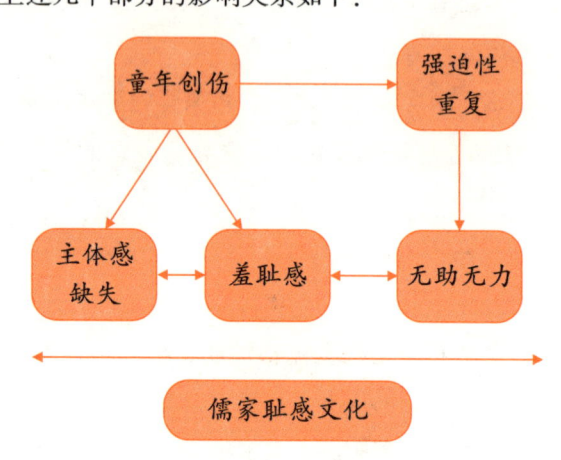

```
        童年创伤 ──────→ 强迫性重复
         ↓  ↓                ↓
    主体感缺失 ←→ 羞耻感 ←→ 无助无力
    ←─────────────────────────────→
              儒家耻感文化
```

很明显，羞耻感位于图示中间的位置。这种潜藏得很深、不易觉察、极度痛苦的情绪体验，与主体感缺失和无助无力互为作用，促使人们作出非理性的心理防御模式，强迫性地重复因童年创伤所致的有害行为、情绪和关系模式——哪怕意识上明确知道那是有害的，不好的，也无法停止。

唯有当人们认识到这些互相影响的因果关系，认识到生活中的诸多关系困境、情绪压力、自我困惑都是因为缺乏主体感，即过多关注别人眼中的自己，为了关系和自我的安全感不自觉地迎合别人的喜好，无法心安理得地去做自己喜欢的样子，才算是找到了解决问题的钥匙，才开始有机会去修复心理创伤，从强迫性重复的困局中走出来。

Part 5

你最深的痛苦，来自羞耻感

认识和修通羞耻感，
学会与羞耻感共处，
是通往幸福大道的重要路径。

你最深的痛苦，
来自羞耻感

耻，还有一个异体字"恥"，即听在耳中，耻在心中。羞耻感，来自于人的内心，没有心的人是感受不到羞耻的。古人以此告诉我们，是否具备羞耻感，是评估一个人身心健康的重要依据。比如某些严重的人格障碍和精神分裂症，就失去了基本的羞耻心。

羞耻感，会让人失去创造幸福的心理力量。羞耻感，是造成强迫性重复的罪魁祸首，也是社会环境发生变化时导致一些人心理退行、激活心理创伤的根本原因。认识和修通羞耻感，学会与羞耻感共处，是通往幸福大道的重要路径。

△ 羞耻感让你逃避

疫情发生以来，大部分人都能配合有关部门的工作，进入公共场所时戴口罩，主动登记防疫行程码，若去过中高风险疫区，或曾有过病患接触史，就主动报告，并执行自我隔离政策。但据新闻报道，总有人拒绝在公共场合戴口罩，拒不接受测温和防疫检查，殴打谩骂工作人员，甚至隐瞒高风险地区旅行史，隐瞒病情。在法律层面，他们的行为已经触犯以危险方式危害公共安全罪，在没有确诊的情况下，则可能构成过失犯罪。

宁可犯罪入刑，甚至甘冒生命危险，也不肯面对自己可能感染病毒的真相，假装自己一切正常，继续参与社会活动。这样的行为，不仅仅是不负责任，道德水平低下那么简单，真相其实是被病耻感和恐惧感淹没，导致认知水平和自我约束能力的降低。

病耻感，就是把生病和羞耻黏在一起，仿佛生病昭示着自己的虚弱，是一件令人羞耻的事。病耻感大多来自担心自己因生病而被他人歧视，被他人排斥和伤害。一般来说，当人被羞耻感淹没，也会同时感到强烈的恐惧，头脑和内心都可能处于混乱之中。

中国人原本惯于将心理痛苦诉诸身体病症，也就是说，我们对心理和精神的痛苦讳莫如深，却不忌讳头疼、胃疼、腰酸腿麻的病痛。但是很明显，人们并不会把感染新冠肺炎病毒，等同于一般的身体疾病，而是对病毒感染这件事，赋予了更多心理意义。比如在无意识中，把戴口罩和登记检查，体验为被拒绝和不被信任;把去过中高风险疫区,和"我不好,我犯错"画上等号,乃至把感染病毒和"我有罪,我很坏"粘贴在一起。

拒绝配合检查,试图隐瞒行程的行为,本质上是对自己感到羞耻,要把自己的一部分藏起来,以避免想象中的被攻击、拒绝和伤害。

△ 世人都讨厌"我不好"的感觉

在汉语语境中,羞耻,是一个很严重的词语。所以一般不用于口语交际,而更多以书面语的形式出现。在口语中,我们更多使用"丢人""羞愧""惭愧"等刺激程度略低的语汇。如果"羞耻"出现在口语中,一般都会改为"无耻",而且是为了表达非常强烈的情绪,比如电视剧《三国演义》里,诸葛亮大骂王朗道:"住口!无耻老贼……我从未见过如此厚颜无耻之人!"

正是因为"羞耻"不常用,才更显它的威力。这个词,只看一眼就会让人产生一丝丝的心理不适,总想避免和它扯上关系,甚至最好不要看到它。羞耻感正是这样一种让人想藏起来的痛苦感受。当我们形容一个人被羞耻感淹没时,就会说他"恨不得找个地缝儿钻进去",事实上,这正是羞耻感最常见的表现方式。

羞耻感就是"我不好、我很差、我没有价值"的感觉。

在心理咨询室里,当人们体验到羞耻感,要么会变得滔滔不绝,口若悬河,要么会身体僵住,无法动弹,还有些人会呵欠连连,昏昏欲睡。羞耻感是人类最负面的情绪,也是藏得最深、最难以被觉察的情绪。很多时候,都只能以这种自身无法控制的方式间接地表达,需要心理咨询师有足够的敏感度,帮助他们辨识和接触这些感觉。

关于羞耻感,我最常对来访者说的话是:"不止是你,在这个世界上,没有人会喜欢'我不好'的感觉"。

△ 自卑，羞耻感的外衣

玲玲是"万年单身"行列的一员。她认为，是自卑感导致她无法进入恋爱关系，所以一度给自己定下目标，如果能升到总监，能拿到硕士学位，能买一套房子，能瘦下来，她就能从自卑感中解脱，就能有勇气谈恋爱。8年过去了，她想的那些都实现了，可唯独谈恋爱这件事依然搁置，因为她还是很自卑，不敢接受异性的示爱邀约。

很多人都像玲玲这样，哪怕取得再多的现实成就，得到再多的赞美和肯定，自卑感还是在那里，无增也无减。因为他们**把羞耻简化成自卑，错了方向**。也就是说，玲玲应该攻克的题目是"如何与羞耻感共处"，但她看错了题，以为这道题是"怎样才能不自卑"。用自卑的公式去解羞耻的题，结果当然不尽如人意。

玲玲之所以会看错题，一是因为羞耻这种感觉实在不容易觉察到；二是因为自卑原本就和羞耻混在一起。感受自卑，比感受羞耻要容易得多。其实，人们是先感到羞耻，才开始产生自卑感的，而非反过来。

自卑是羞耻的外衣。

自卑感是有现实基础的，比如在竞争中落败，考试成绩不如同学好，工作收入没有邻居高，气质修养不如朋友优雅等等。但是自卑的感觉也会催人向上，让人们生出勇气去改变现状，通过自身的努力改善落败的局面，找到自信的感觉。换言之，自卑感是可以通过某种方式得到修正和改善的。

　　羞耻感并不立足于现实基础，而更多是一种情绪体验。无论在现实中，自己的考试成绩有多好，工作收入有多高，气质修养有多优雅，那种"我不好""我不行"的感觉，始终都如影随形。哪怕所有人都说"你已经很好了""你好优秀啊""你闪闪发光"，也无法让他们的自我感觉好起来。

　　和自卑感比起来，羞耻的感觉更加强烈，更加痛苦，非但无法成为前行的动力，反而还会变成行动的阻力。羞耻感，无法通过取得现实的成功来改善，只能通过调整身体和心灵的互动模式来疏解。

△ 你一点也不羞耻

"我不好"和"我感觉我不好"是完全不同的两个意思。

"我不好"让人绝望、无力，感到失去希望，失去行动的勇气。而"我感觉我不好"，虽然也会让人感觉不适，却不会那么有淹没性，人们能继续感到自己有能力去做些什么，从而改变这个"不好"的局面。

受到心理创伤的人常常没有做这样的区分。他们会把"我感觉我不好"等同于"我不好"，即把"我感觉羞耻"等同于"我是一个羞耻的人"。这种心理等同模式常常让他们的内心环境失衡，从而承受莫大的心理压力。

"我不好"是在否定我的全部价值。是在说，我的存在本身是错的、坏的、不可救药的。那么在这种情况下，无论我说什么、做什么，都不能改变"我不好"这件事。因为，一个错误的人势必做不出正确的事。

而"我感觉我不好"则是在谈论一种感觉，是在诉说一种对自己的负面感受，这种感觉可能有现实依据，也可能没有，但无论如何，都没有全盘否定自己的价值。也就是说，虽然由于某种原因，我对自己的感觉很不好，但我知道，我这个人本身是好的、有价值的。一个正确的人可能做出正确的事，也可能做出错误的事，做了错误的事，并不会导致这个人也变成错误。

在羞耻感的心理等同模式出现时，我常对来访者说："你可能需要先在理性上认识到，你只是对自己有一种不好的感觉，并不是现实中的你真的不好。相信你还记得，你曾经做过许多很好的事，拥有很多好的特质"。

△ 羞耻感让你否定自我

除了民族性格里的耻感文化,作为普通的个体,常见的三种羞耻感来源分别是:

1. 性羞耻;
2. 被虐待;
3. 被忽视。

性羞耻大多来自父母对孩子的投射。当幼儿在玩弄粪便或者欣赏自己的生殖器时,父母表现得很厌恶,甚至厉声呵斥。父母的性羞耻还会通过贬低孩子的相貌、禁止孩子穿漂亮衣服、禁止孩子与异性来往等方式投射给孩子。孩子没有能力辨识父母的性羞耻,只会把父母的反应和态度,归因为都是自己不好,自己是脏的,丑陋的,甚至是恶心的。

性是人类最本源的能量,性象征着一个人的存在本身,如果一个人认为性是负面的,就等同于否定了自身的全部价值。仿佛有个声音对他说:"你太坏了,配不上美好的东西,异性是不会喜欢你的"。

有过被虐待历史——身体虐待或言语虐待——的人,也可能产生深深的羞耻感。被自己的依恋对象虐待,可能会让人陷入自我的混乱之中,那个原本应该提供爱和依靠的人却显得面目狰狞,粗暴可怕,靠近不是,远离也不是。为了在艰难的处境中活下来,人们会试图把问题归因到自己身上,通过控制自己来控环境。他们倾向于相信,是自己太坏了,太糟糕了,父母才会那样对他,如果他做个好孩子,变得优秀一些,懂事一些,能符合父母的期待,父母就能爱他了。

在情感忽视中长大的人,有时比遭受虐待更可怜。因为哪怕被虐待,起码也是与父母建立了关系,当父母虐待孩子时,眼睛是看向孩子的,而情感忽视意味着父母的眼睛是空洞的,散光的,看不见孩子的。在忽视中长大的孩子,常有一种自我怀疑的感觉:明明一切都很好,为何我却不快乐?最后他们会得出一个结论:那一定是我自己有问题,是我不好。他们会倾向于责备自己的情绪,为自己有着和他人不同的感觉而感到羞耻,也为自己的情绪波动和心理需求感到羞耻,还有一种"我应该为自己负全责"的感觉,即如果哪里不对劲,那一定与别人无关,全部都是我自己的问题。

△ 强烈的羞耻感让潜意识"跳闸"

有一个生活常识是，如果用电功率超过最大负荷，配电箱就会自动跳闸，这和感觉系统的运作原理非常相似。人的情绪就像电流，潜意识则是配电箱。人们很难觉知到羞耻感的存在，或者无法为羞耻感命名（只感觉身体紧绷难受，却不知道为什么），是因为潜意识有设计精密的自动跳闸功能。

羞耻感是一种让人难以忍受的痛苦情绪，因为它危及人类最基本的存在价值，是比愤怒、哀伤、内疚更加强烈的淹没性的痛苦感觉。所以在古代，一些文人才会因为难以忍受羞辱而自杀。当强烈的羞耻感来临时，为了保护自己的物质生命（留得青山在，哪怕没柴烧），潜意识就会采取跳闸断电的方式，让人们失去感受，只机械地思考和行动。

基于潜意识的自动跳闸功能，当羞耻感来临，很多人都不会有情绪的不适，只感到头脑是空白的，只是用思维、说话和身体来表达自己。比如疫情发生后，又害怕病毒，又对自己的害怕感到羞耻，于是故意不戴口罩去人群里闲逛，看起来是锻炼胆量，显示强大，其实是为了对抗羞耻和恐惧感。另一种日常中常见的情形是，在工作上受挫了，要么反复思考改进方法，到了殚精竭虑的地步（思考可以阻断感受），要么变得语言能力发达，对人发表他对工作的看法和见解（说话也能阻断感受），还可能虐待自己或做一些危险的事以转移注意力，比如过度健身、危险驾驶、熬夜、酗酒、乱性等等。

△ 撕开羞耻感的外衣

前文已经说过很多次，羞耻这种感觉非常隐蔽，很难觉察，因为人有强大的心理防御系统，智商越高的人，心理防御也越精细。不同的人会创造出不同的防御模式，所有的心理防御都很高明——把羞耻简化为自卑、感觉系统自动跳闸都是心理防御的方式。所以，在咨询室里，要看到羞耻感的外衣并撕开外衣，让来访者触摸自己的羞耻感，经常要花费不少时日。

以下是常见的羞耻感外衣：

总觉得伴侣和孩子浑身缺点，横竖看他们不顺眼，极度渴望改造和控制他们。

常为了过去的事遗憾，痛苦，想要改变过去。

渴望找到一个完美的伴侣。

在恋爱关系里，总是忍不住使劲儿"作"，要求对方无底线地包容你、配合你；或者是相反，过于讨好对方，总害怕自己付出得不够多，做得不够好。

极度渴望做一个好人，密切关注自己是否有给别人留下好印象，努力让所有人都满意，希望大家都给自己好评。

如果有人对你示好，你就会忍不住地想：他为什么要这样？他有什么目的？他对我好是因为不了解我的真面目，如果他看到真实的我就不会喜欢我了。

女性拒绝穿女性化的衣服，如果穿了漂亮裙子出去，就会感到莫名的焦虑，总担心有人说你太招摇，是不是在勾引男人。

对性缺乏兴趣，也尽可能让自己显得没有性吸引力。

热衷于买性或陷入黄赌毒。

在日常的人际互动中，只要有同龄异性在场就变得谨小慎微，难以自由表达自己。

参加了一场聚会之后，脑海里反复回想自己的表现，是否说了不合适的话，哪里做得好，哪里必须改善，总担心自己可能不小心让某些人不舒服，不喜欢。

过于努力地学习或工作（工作狂模式），把自己的个人价值完全建立在工作之上，认为自己总是做得不够好，还应该更好。

总是感到抑郁，会为了很小的事自我攻击，脑海里很多自我贬低的声音。

常梦见自己身处粪便之中。

常梦见自己上天入地，去到空无一人的地方，或者常有一些独自上天入地的想象。

总想做别人，成为别人的样子，总觉得别人更好。

在没有明显残疾的情况下，对自己的相貌和身型非常不满意，幻想自己一夜变美。

热衷于整容。

喜欢看某人被龙卷风带到陌生的地方，开始快乐新生活的故事，或者总在幻想自己成为那个被龙卷风带走的人，去一个全新的陌生之地，开始新生活。

不明原因地长期失眠。

身体有如下症状：头疼，头皮发紧，身体很难放松，胸腹部像塞进一个木橛子，肌肉紧张僵硬（头面部、臂膀、背部、腿部等)。

情感是隔离的,不容易体验到自己的感觉。

惯于抱怨指责他人,认为是别人造成了自己的痛苦。还有相反的,容易自责内疚,总在担心自己是不是伤害了别人。

在本书第三章,所有症状的潜意识里都有羞耻感在驱使。

△ 羞耻使人进步

羞耻,是人类迈向文明的产物。

经过千万年的进化,如今羞耻已是人性的自然属性。影视剧里咒骂坏人的常用语"禽兽不如""这个畜生",意思就是被骂者丧失了羞耻感,和禽兽畜生一样,任由本能的欲望驱使,做出违反人类伦常道德的行为。可以说,是否具有羞耻感,不但是人与兽的分界线,还是检验一个人精神健康的关键标志——心理学领域把缺乏羞耻心的现象命名为"超我缺陷",若没有发展出基本的道德感,一个人做了很糟糕的事也不会内疚,更不会羞耻,那么他就属于人格障碍或精神病性人格的范畴,是无法对他开展心理治疗的。

适当的羞耻感会激励我们上进,推动我们去创造、发掘无限的自我潜能。自1949年新中国成立以来,"勿忘国耻"四个字激励了几代人砥砺前行,这才有了今天中华民族的伟大复兴。羞耻感也塑造了中国人独特的民族性格,让中国人表现出较高的服从性,能够自我约束,更适应集体生活,愿意"为大家舍小家",自带一种吃苦耐劳、艰苦奋斗的生命韧性。

羞耻感,就像是人的喜怒哀乐、饥饿寒冷,只要活着就如影随形。因为这种感觉对人有着积极的意义,是人类必不可少的心理体验。

△ 学会自我安慰，获得心灵自由

适当的羞耻感能激发人上进，可是羞耻感过于强烈时，不但让人深陷心理上的无力和无助，还会吸干人的自我能量，固化痛苦的强迫性重复：

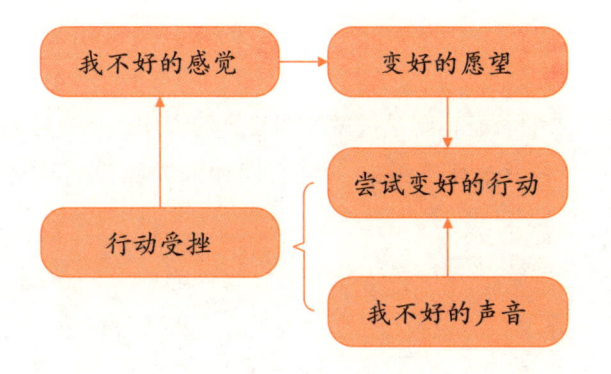

```
我不好的感觉  →  变好的愿望
    ↑               ↓
           尝试变好的行动
  行动受挫  ⟨
           我不好的声音
```

要走出羞耻的死循环，可以从如下三个方面来入手：
1. 在认知上分析羞耻感；
2. 在情绪上吸收羞耻感；
3. 在身体上容纳羞耻感。

前文有说到羞耻感的三大来源分别是性羞耻、被虐待和被忽视。

性羞耻和被虐待是父母把自己的羞耻投射给孩子，孩子在无意识中接收过来，当成了自己的感觉。事实上，我们不只会吸收父母的投射，还会吸收别人的投射——因遭受网络暴力而自杀的人，就是认同了网民的投射，别人说他不好，他就真的觉得自己糟糕，并为此感到羞耻。

如果你意识到自己就是这样的，那么当感觉到自己不好，头脑里涌起对自己的不满、批评、贬低时，就要告诉自己：

我感觉羞耻，觉得自己很差劲，是因为我吸收了＿＿＿＿的感觉和想法，他把对自己的批评和负面感觉置放在了我身上。此时此刻，我正在模仿他，用他对待我的方式来对待我自己。

被忽视带来的羞耻，则是过度强调自己的责任，把自己的情绪感受和欲望需求都视为羞耻。那么同样的，你也可以告诉自己：

我是一个正常的普通人，不管我有什么样的想法和感觉都是正常的。我会为此感到羞耻，只是因为从未有人告诉过我，我很正常。现在我作为一个成年人，可以有能力告诉自己，我是正常的。

这种自我安慰能让人平静下来，但是要帮助自己学会与羞耻感共处，进而获得心灵的自由；在随时变化的社会中稳稳地扎根，只是与自我对话远远不够，还需要一系列的身体和情绪的练习。

Part 6

心有多大，才能
坦然面对否定和质疑

当我们积极地帮助自己，
为了让自己变得更好而付出努力，
外部的人和资源都会开始良性运转，
我们所需要的那些积极的因素：
爱、健康、机会、资源等，都会慢慢被吸引过来，
让我们的生命进入积极的良性循环里。

心有多大，
才能坦然面对否定和质疑

马太效应，原本是经济学领域的专有名词，用来形容强者越强，弱者越弱的现象。即当人们在某个方面获得成功之后，会产生优势积累现象，有更多好机会会被吸引到他身边，让他取得更大的成功和进步。

但我认为，马太效应和"吸引力法则"其实是一回事。都是在说，当我们积极地帮助自己，为了让自己变得更好而付出努力，外部的人和资源都会开始良性运转，我们所需要的那些积极的因素：爱、健康、机会、资源等，都会慢慢被吸引过来，让我们的生命进入积极的良性循环里。而相应的，当一个人被羞耻感充满，头脑和内心都被消极的想法充满，进而自我憎恨，自我放弃，此时一些糟糕的因素：恨、疾病、匮乏、困窘等等，也可能被吸引过来，让生活更加下沉，进入一个失控般的负性循环里。

健康强大的免疫力，来自平衡的内心，健康的情绪，富于活力的自我和良好的社会支持系统。

作为普通人，我们要积极地行动起来，用科学有效的方法，通过疗愈羞耻感，提升身体和精神的免疫力，让自己成为积极健康的能量体，不给任何负面的情绪有可乘之机。

△ 认同自己，不认命

在中国人的概念里，自我接纳和"认命"有差不多的意思。人们会一边半信半疑地觉得自我接纳是好的，应该自我接纳，一边却又不甘心地想：我并不喜欢这样的我，难道我就这样了吗？

西方人和中国人存在文化差异，天生的性格和思维模式也有很多不同，那意味着同一个语汇，西方人和中国人会有不同的语意联想。或许对西方人来说，self-acceptance（自我接纳）是自然而然的，因为他们有宗教信仰的传统，生而为神的子民，一切都有神来接管。而中国人是关注实在世界的儒家文化，我们崇尚的是"现世报"，即善以善待，恶以恶待，所以中国人把"自我接纳"等同于"认命"和"自我放任"，也是很自然的事。

在汉语的文化和语境里，"承认"这个词，更合乎中国人的心理感受。承认，即对事实表示肯定，是一个中性词。

无论是好的还是坏的，美的还是丑的，喜欢的还是厌恶的，渴望的还是痛恨的……所有那一切，所有曾发生过的事实，不去评价好坏对错，也不去追究"为何发生"，只是承认它在客观上的确曾经发生，即承认事实真相：没错，事情就是这样。

这就是所谓的接纳和面对。其实并不难。

心理学的很多概念都是舶来的，是基于西方人的文化和思维模式而提出的。作为中国人，在向他们学习时，要从自身的文化基础出发，辩证地理解和接受，最好是转换自己的思维来重新解读，给那些概念赋予中国文化和视角之下的意义。我一直认为，

虽 然 不 容 易 ， 但 是 没 关 系

世界的未来在中国。无论是心理工作者，还是其他职业的人，都要更多建立对自身文化的认同感，对国家和民族的认同，能加强我们对自身的认同，这是自尊、自信和心理力量的重要来源。

△ 我不懂七十二变

面对真相能让我们生出无穷的力量，真正地与过去告别，拥抱富于活力的当下，走向充满希望的明天。

现在，试试大声读出以下事实：

我承认，我就是生在那样的一个地区，生在那样的一个家庭。虽然不完美，虽然有诸多困境和问题，虽然有着很多我不想要的东西，但那就是我的家乡，那就是我的家庭。

我，来自那里，那，就是我的出处。

我承认，那一对夫妻就是我的父母。我在他们身上学到很多积极的有价值的东西，也接收了一些负面的具有破坏性的部分。他们爱我的方式并不全部让我感觉舒适，我在某些时刻感到被他们伤害，并因此留下了痛苦的回忆。我知道，我在家庭里经受过的，至今仍然在影响着我。

我承认，事情就是这个样子。

我承认，我就是那样长大的。我没有被爱和温暖全方位浸泡的完美童年，也没得到很多耀眼的成功，我还经历过自己不希望发生的事，扮演过自己不喜欢不享受的角色。我被别人伤害过，也伤害过别人。有那么一段时间，我过着如今想起还是会心里难受的生活。

我承认，这就是我的生活，我经历过所有的那一切。

我承认，我是一个很普通的人。我不会飞檐走壁，不懂七十二变，没有上天入地的本领，不够富有，也不够成功，没有令人羡慕的东西。恰恰相反，我会打嗝，会放屁，会说出犯傻的话，做过可笑的事，还有一些幼稚的想法，甚至我还保留着童年时期的坏习惯。

想到这些真是令人不快，但我得向自己承认，这就是我，这就是事实。

你想要向自己承认的事实还有哪些呢？

请拿出一张白纸，写下来，打开手机的录音功能，大声朗读。然后，反反复复地播放给自己听吧。

△ 是呀，这就是我

每当你认为自己做错了事，或是认为自己做得不够好，想要批判自己时，就用坚定的语气对自己说：

是呀，这就是我，我**现在**就是这样的。

我会达不到我对自己的期待，会做不成我希望自己做成的事，并且我还会为此而批判自己，不喜欢自己。我的内心充满恐惧，害怕自己不够好，害怕自己失去爱。

是的，我看到了，我**现在**是这样的。

每当你看到自己为了某些事而紧张，为了某些人而抓狂，感到难以自处，被恐慌和焦虑裹挟，做出自认为不妥当的反应，并为自己表现出的状态感到羞愧，对自己充满批评和贬低时，就用坚定的语气对自己说：

是呀，这就是我，我**现在**就是这样的。

我经常体验到自己的不足，会害怕失败，会在关系中失去自己，以为全人类就只有我这么脆弱。我还会为此感到羞愧，感到不可救药，自我厌弃。我期待自己不曾受过伤，希望自己总有完美的表现，我知道事情不太对，却无法停止。

是的，我看到了，我**现在**是这样的。

每当你看到自己的自私，看到自己在嫉妒别人，看到自己正在涌动一些恶毒的想法并为此感到内疚、自责，对自己产生负面的评价，认为自己变成了坏人，甚至害怕自己受到上天的惩罚时，就用坚定的语气对自己说：

是呀，这就是我，我**现在**就是这样的。

我有自私的部分，我有人性所共有的那些阴暗面，我会嫉妒别人，我还会产生一些伤害别人的想法。我正在害怕我的这些阴暗面，害怕我因此而失去爱，失去我身为人的阳光和积极性。

是的，我看到了，我**现在**是这样的。

每当你看到自己再次被情绪裹挟，再次因为害怕失控而睡不着觉，再次为了很小的事恐慌不已，并因此开始嘲笑自己，为自己的无能感到羞耻，用非常难听的话语羞辱自己时，就用坚定的语气对自己说：

是呀，这就是我，我**现在**就是这样的。

我暂时还没有能很好地驾驭情绪，我心里仍然有那么多恐惧，我又一次重演了童年时的无力和无助，并且我还不接受我的状态，试图用嘲笑和攻击来控制自己，为此不惜对自己进行无情的羞辱。

是的，我看到了，我**现在**是这样的。

无论你在行为或情绪上发生了什么，无论你看到自己正身处何种境地，无论你对自己或生活有多么失望，都要静下心来对自己说：

是呀，这就是我，我**现在**是这样的。

但是，那不代表我会一直这样。我能变好，我会慢慢变成我想成为的样子，我喜欢的样子。明天的我，下个月的我，明年的我，一定会和现在有所不同。因为，我正在学习照顾自己，帮助自己，为自己创造积极的生活。

总有一天，我的状态会比现在好。我相信我自己。

这些自我安抚的话语有着无穷的力量。可以帮助你从某种潜意识状态中苏醒过来，恢复作为成年人的自我功能，能够从心里生出自我掌控的力量感，感到一切都没有那么糟糕，一切都仍在你的可控范围内。

△ 读取身体的感觉

感觉，分为身体的感觉和情绪的感觉。

身体的感觉即身体的疼痛、饥饿、酸胀、僵硬、困倦、温暖、寒冷等；情绪的感觉即心理上的生气、兴奋、委屈、伤心、无助、羞耻等。

在咨询室里询问来访者的感觉时，我总是会习惯性地问："你此刻是什么感觉？身体的感觉是怎样的？情绪的感觉是怎样的？"其实，身体的感觉和情绪的感觉是同步的，只是身体经常先于自我意识，更快觉知到情绪的感觉。也就是说，我们先用身体感知自己的感觉——身体的和情绪的——再用自我意识来解读那个感觉的意义，最后才对那个感觉作出反应，整个过程是这样的：

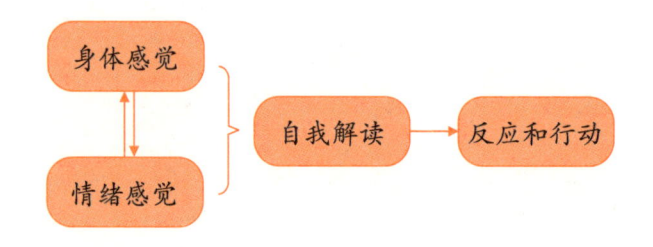

身体感觉 ⇅ 情绪感觉 ｝→ 自我解读 → 反应和行动

当自我的整合不够完善时，"感觉—行动"的过程，要么略过解读感觉的含义，带着模糊不清的感觉鲁莽行事（不知为何，我就是想做些什么），再懊恼于自己的冲动；要么倾向于从负面角度解读感觉的含义，得出消极的结论，而后采取破坏性的反应和行动（我感觉不舒服，一定是有人伤害了我，我得反击回去）。

人们可能会认识不到情绪的感觉，还可能会隔离情绪的感觉，因为情绪的意义是模糊的、复杂的、含义丰富的，还可能是令人不适和害怕的（所以有些人会把情绪的感觉变成身体的感觉，比如生气时，只觉得头疼，胃不舒服或者想睡觉；害怕时，只觉得皮肤发凉，手脚沉重）。相比情绪的感觉，身体的感觉是清晰的、简单的、含义具体的——疼痛、饥饿、冷热、困倦、瘙痒等等，是连幼童都能辨识和表达的感受。这是因为身体感觉系统的发育远远早于情绪感觉。也可以说，相比较而言，身体感觉的系统更加原始，更加接近动物的本能。

身体的感觉以及对身体感觉的解读，指引着我们的反应和行动。肠胃说"我饿了"，当你接收了这个感觉，自然就会去找吃的；汗毛说"我害怕"，你也听懂了这个声音，就会尽快离开危险的场所；心脏说"我在隐隐刺痛"，你明白了这感觉的意义——你的心被刺伤了——那让你开始正视眼下的亲密关系，进而思考自己的选择。感觉的意义是帮助我们了解自己，让我们知道自己是谁，想要什么，讨厌什么，为自己做些什么。

感觉——包括身体的感觉和情绪的感觉——最显著的特点是，不请自来和不受主观意志控制。也就是说，人的身体和情感，就像是一个独立于人的自主意志的反应器，只要受到刺激——他人、环境和自己思想的扰动——就会产生反应。比如有人无缘无故地打骂你、羞辱你，就是会让你感到愤怒和屈辱；比如新冠病毒疫情发生后，你的家人被确诊，就是会激起你的恐惧、慌乱和不安全感；还比如你两天都没有吃饭，那么你感到饥饿难耐也是很正常的事；又比如你是一个父亲，你有强烈的重男轻女思想，那么你就是会为了自己没有儿子而感到愤怒、恐惧和丧失感。

人无法要求自己停止情绪上的感觉（比如羞耻和悲伤），也很难要求自己不去想某个想法，就像无法在不吃饭的情况下制止饥饿一样。

出于不同的性格，不同的成长背景，人们发展出七种常见的应对情绪的方式：行动、发泄、压抑、隔离、否认、升华、内省，每一种方式都各有好处和坏处：

情绪方式	行动	发泄	压抑	隔离	否认	升华	内省
表现形式	犯罪行为自残自杀各种上瘾症	打骂攻击他人或自己，歇斯底里的情绪	隐忍、控制、转移	麻木、躯体症状、最低生命需求	自我欺骗，美化痛苦	运动，艺术活动，连接关系	自我对话，思考情绪的来源和意义
好处	爽，暂时忘记痛苦	把自己的痛苦送给别人	回避冲突，避免矛盾	掐灭情绪，切断与心灵的联系	得过且过，暂时的轻松	把痛苦转化为创造力和社会支持系统	自我成长，稳定的现实生活
坏处	破坏生活，有害健康	影响自尊，破坏关系	长此以往，生命枯竭	疾病和丧失生命活力	小感冒变成大癌症	心灵的慢性疼痛	把外部痛苦转化成内部压力

很明显，上述所有方式中，内省对人的健康和幸福最有益，

通过对情绪的内省，能增进人们的自我了解，拉伸心理空间，让内心达到和谐与平衡，提升人的身体免疫力。本章提供的所有理念和方法，都是致力于促进读者对情绪的内省能力。

应对情绪最好的态度，是把它当作随时造访的好朋友。这个朋友特立独行，非常随性，常常不打招呼就来看望你。你越尊重它，对它的到来表示欢迎，还花时间去了解它，它就越喜欢你，愿意跟你合作，主动为你的健康和幸福效劳。更重要的是，当你对它的态度很友好，那么慢慢地，它以后再访问你时，好情绪来做客的时间和频率会增多，坏情绪来造访你的时间和频率会越来越少。

建立起对自己的感觉的信任和安全感，当感觉来临时，去了解感觉的意义，倾听感觉的话语，而非因恐惧而试图控制它，或者干脆否认、屏蔽、逃离它，是所有人都需要学会的一门功课。要掌握这门功课，可以从感受自己的身体开始，这是最容易、最直接的方式。

把身体想象成一幅地图，头、肩膀、胳膊、手、躯干、腿、脚等部位则是地图上的地标，然后：

当你感觉悲伤（或其他任何情绪）时，就闭上眼睛，把悲伤放在身体的地图上，体会那悲伤在身体的什么位置，额头？胸口？后背？

锚定悲伤的位置——比如在胸口——停止头脑的任何想法，一边深呼吸，一边感受胸口的悲伤，想象悲伤像流水，在身体地图上流动，流啊流啊……流水越来越小，越来越薄，直至消失不见。

然后再深呼吸，睁开眼睛，去做任何你想做的事。

通过读取身体的感觉，连接情绪的感觉：
当你感到身体紧绷（或其他任何感觉）时，也闭上眼睛，深呼吸，把注意力集中在紧绷的位置——比如肩膀——感受那紧绷的感觉，想象肩膀有自己的生命，会跟你对话。你在心里轻声地问肩膀："亲爱的肩膀，我感受到你了，你要跟我说什么？"然后静静等待任何声音、任何答案在你的心里浮现。

它可能会跟你说："我在害怕，害怕某些事情会发生，"那么你就回应它："我知道了，谢谢你告诉我这些害怕，我爱你；"它也可能会说："我不知道，我只知道我不舒服，"那么你也回应它："没关系，谢谢你告诉我这些不舒服，我们会慢慢理解这些不舒服的意义，我爱你！"

然后再深呼吸，睁开眼睛，去做任何你想做的事。

只要有空，只要想起来，就可以这样和自己连接。刚开始做这些连接练习时，你可能觉得很麻烦，无法进入状态，慢慢的，你会发现整个过程只需要1分钟。通过关注身体的感觉，可以达到管理情绪感觉的效果。对自己的身体和情绪感觉越熟悉，越有掌控感，就越不容易被他人和外部环境激惹；当社会环境发生变动时，人们就越能安于当下，越有充足的心理安全感。

△ 你和感觉之间要留条缝隙

有很长一段时间，董绿都在诉说自己的工作压力：能力不足，处处不如其他同事，又粗心，又愚笨，常犯低级错误。有一天，我终于找到机会去问她："这份工作你已经做了三年，如果你真的那么差，为什么老板非但不解雇你，去年还给你发了奖金？"

董绿沉默了一会儿，小声说："其实……我也没那么差吧！"

不同的人有不同的成长方向。有些人要学着连接自己的感觉，另一些人则要学会和自己的感觉隔开一点距离。换言之，前者倾向于把感觉缩小，否认感觉的存在；后者却是不自觉地把感觉放大，过于认同自己的感觉，把感觉等同于现实。董绿对自己有很高的期待，只要出现小差错，就会陷入挫败无助的感觉中，恐慌地觉得自己很差劲。她的内在逻辑是：

我工作失误＝我是个笨蛋

我感觉挫败＝我是个失败的人

我感觉无助＝我是个无能的人

董绿把"我的感觉"和"我是谁"粘在了一起，把某件事的表现不足等同于自己整个人的不足，有一些糟糕的感受，意味着自己整个人都变糟糕。过于认同自己的感觉，是董绿处理情绪感觉的方式，通过改变自己——变得更好更优秀——消灭挫败和无助的感觉，以维持内心世界的稳定性。

有过被虐待史的人最常坚信的想法是：只要改变自己，就能掌控环境，从而改变别人，调和关系。这是来自童年期的经验，因为他们曾经在无意中发现，只要自己做出某些改变，父母就能变得稳定，家里就能得到片刻安宁，自己也能得到一些被爱的感觉。

童年期的适应性模式，在成年之后反而成为情绪失调的主要原因。有理性的成年人都会同意这种说法：人只要活着，只要去做事，就总会有失误的时候；生活不可能一帆风顺，人就是不断地面对各种挫折，不断地面对自身的局限和无助。所以无论董绿怎么努力，都不可能做到永不犯错。

董绿可以反复告诉自己：

由于童年创伤的影响，我的感觉严重大于现实。当我感觉问题的严重性有8分时，有可能在现实中，问题只有4分，甚至只有2分。

很多时候，我只是感觉很糟糕，并非实际上真的糟糕。此时，我需要处理我的感觉，和我的感觉在一起，而不是在现实中做什么改变。

我，不是我的感觉，感觉，只是"我"的组成部分。我不会因为某种感觉而变成别的什么人，我就是我。我是一个很丰富、很复杂的存在，我除了拥有感觉，还拥有身体、思想和技能。所以，我的感觉不能定义我是谁，因为，所有的感觉——无论是什么——都只是我的一部分，很小的一部分。

我要看着我的感觉，让我的感觉在心里徜徉，在身体上流动，不评价它，不推开它，更不会害怕它。我还要跟我的感觉对话，跟它说："嗨！"跟它说："我看见你了，你是我的感觉，你的名字是无助（失望、害怕、内疚等），我允许你来到我的意识中，你可以在这里。"

要学会和自己的感觉隔开一条缝隙，不再过于认同自己的感觉，董绿还可以跟自己说：

我会饥饿，但我不是饥饿的人。因为饥饿的感受将随着一顿饱餐而消失。所以，我可以感觉饥饿。人只要活着，只要长时间不进食，就是会饥饿。

我会愤怒，但我不是愤怒的人。因为愤怒的情绪会随着时间推移而渐渐减退。所以，我可以感觉愤怒。人只要活着，只要需求没有被满足，只要被无理对待，就是会愤怒。

我会羞耻，但我不是羞耻的人。因为羞耻的感觉也会像饥饿和愤怒一样来来去去。所以，我可以感觉羞耻。人只要活着，只要感到不被爱，只要感受到自我价值的被贬低或否定，就是会同时感到羞耻。

羞耻和饥渴、疼痛一样，都是人类共有的感觉，感觉没有好坏对错，感觉就是感觉。无论我是否喜欢我的感觉，都不能让这感觉消失，也不能改变这感觉的内容。所以，我承认我的所有感觉，我可以感受到任何感觉。

△坦然接受自己的欲望

文文的父母忙于工作,在她小时候就把她寄养在别人家,由几个亲戚轮流照看。父母每年回家看她,给她买新衣服,带她出去玩。文文很矛盾,她喜欢父母,同时也怨恨他们,又为自己的怨恨感到内疚,觉得自己不懂事,很坏。

王丹特别害怕看到别人生气。无论那张生气的脸是朝向他,还是朝向别人,他只要看到就会周身紧张,微微发抖,说话的声音也会变尖利。每当这样的时刻,他一边强撑着假装自己很好,一边在心里对自己生气,认为自己太无能,没出息。

公司的庆功酒会结束后,上司借着酒劲儿猥亵李茜。李茜心里害怕厌恶,身体却感觉很舒服,竟任由上司动作了一会儿才猛地推开他,跑开了。李茜换了工作,却一直感到羞耻自责,觉得自己不是好女孩。

人们坦然地接受吃和睡的欲望,却努力压抑性和攻击的欲望,无法抗拒饿、冷、疼的身体感觉,却幻想自己能制止愤怒、羞耻、伤心等情绪的感觉。人们之所以会抑郁、焦虑、躁狂、强迫……很大程度上是因为无法与某些感觉共处,试图用想法代替感觉,试图做些什么以逃避或否认感觉。

真希望所有人都能认识到:身体和心灵会脱离人的主观意志,自行其是。如果说身体感觉是自然的生理现象,那么情绪感觉则是自然的心理现象,人无法让它们消失,无法改变它的内容和形式。对于身体和情绪的感觉,我们能做的是承认、接纳,学会与之共处。

很多时候,人们之所以无法与自己的感受共处,是因为他们被"我不该有这种感觉""怎么别人就不这样"的想法充满,认为如果自己有某种感觉,就意味着自己是不正常的,甚至是坏的、错误的。

这是一种把"感觉"等同于"我"的绝对化的想法。具体可参看上一节。

关于"怎么别人就不这样",我在咨询中常这么回应来访者:

因为别人不是你,你也不是别人,每个人都是不同的。也许别人没有经历过和你类似的——长期被寄养、长期情绪虐待、在童年期被性侵——创伤经历,所以那个情境就不会触发他们的强烈感受。你会,因为你是受过伤的,表面看来一切都过去了,但是在内心深处,在很深很深的地方,那个伤口还在,还没有彻底愈合,只要不小心碰到了,就是会痛的。

根据当时的情境和我的感觉,我还可能这样告诉来访者:

没有经历过那些苦痛的别人,或许感觉那只是一阵微风,但是在你的感觉里,它就是大风,狂风,龙卷风,那是非常真实的感受。因为发生在过去的感觉,在那一刻被激活了,在你心里,在你身体里,苏醒了。

彼时彼刻,一部分的你正被苦痛煎熬,然而另一部分的你,非但没有心疼她,也没有安抚她,还拿她跟别人比,说她不该小题大做,说她的感觉是错误的,有问题的,还批评她,嘲笑她……我会认为，你在用小时候父母对待你的方式来对待自己（你在试图用隔离、评价、贬低的方式来控制自己，想用这种方式把自己稳住，但这样做有很多弊端）。

根据来访者的心理发展阶段和接受能力，有时候我也会询问他：

也许，每当你这样对待自己时，就会感到一<u>丝</u>莫名的微弱的快感？仿佛对自己冷漠粗暴，会让你感觉有那么一<u>丝丝</u>的舒服？

没有走进咨询室的你也可以跟自己对话，帮助自己学会承认和接纳自己的感觉，提升与感觉共处的能力。你可以找一个安静的空间，先来三个深呼吸，让自己平静下来，然后对自己说：

我可以拥有任何感受，无论我感觉到什么都是正常的自然反应。那种"怎么别人不那样"的想法是对自己独特性的否定。每个人都是不同的，在同一种情况下，不同的人就是会有不同的感觉。永远不要忘了这个真理。

我要张开双臂，欢迎并拥抱我所有的感觉，无论是身体的感觉，还是情绪的感觉。我允许它们来到我的意识里，接受它们作为我的一部分，承认它们的自然属性，把它们放在我的心里去体会，去琢磨，去理解它的意义，通过它的信号来认识自己，爱自己。

我可以爱，也可以恨，我可以在爱一个人的同时也恨着他，这并不冲突。我可以对他温暖的照顾表达感谢，也可以对他冷漠的话语表示愤怒。我是一个普通人，拥有所有人类共通的情感，无论我感受到什么，都是正常的。

不要指望只说一两次就能摇动你的潜意识。你可以经常这样对自己说，只要想起来，只要某些复杂的感受来到你的心里，你就可以通过这样的自我对话帮助自己回到当下，回到感受之中。你会发现，和过去相比，你将能更快地让内心稳定下来，恢复平静的心情之后，就又能继续好好地做事了。

虽然不容易，但是没关系

△ 心理创伤不是你的错

秦丽格的困难是无法进入亲密关系。只要靠近异性，她就会脸红、冒汗、浑身紧张，说话也变得结巴。她时常为此感到羞耻，觉得自己的人生失败极了。"我的每一步决策都是错误的"，略停顿之后，她抬眼望着我，又继续说道，"是不是一个人如果在小时候经常犯错，长大后就会一直犯错？"

人们试图从事件里找出犯错的人（自己的错或别人的错），是因为想获得控制感，想摆脱头脑的混乱和恐惧。这会让思想变得僵化，让内心变得不自由，无法从更广阔的视角去看待他人和自身。

在情感忽视中长大的人常倾向于夸大自己的责任，认为自己应该为一切负责，包括自己的心理创伤。如果情绪上感觉轻松快乐，状态很好，就认为这是自己的成功，是自己做了对的事；如果相反，情绪上感觉痛苦抑郁，状态很差，就认为这是自己的失败，是自己犯了错。简单来说，他们是通过评价自己的情绪来管理和控制情绪，让自己保持稳定的状态。

秦丽格就是典型的例子。她所谓的"常犯错"，其实是她常常感到抑郁，心里充满乱糟糟的痛苦情绪。这些不快乐的情绪让她否定自己，对自己失望，认为自己不配得到爱。所以只要走近异性，她就立刻羞耻得无法自处。

心理创伤不是任何人的错。

心理创伤未解决的父母会把这种创伤感复制——遗传和投射——给孩子，还会无意识地使用伤害性的养育方式，把自己童年期的痛苦送给孩子，这就是心理创伤常表现出家族性的原因。

没有得到应有的爱，会让有些人相信是因为自己不好，才会被糟糕地对待。这种"我应该为被伤害负责"的想法，让他们过度地自我归因，常常被羞耻感笼罩，因为害怕犯错而畏首畏尾，因为害怕被批评而显得逃避责任，因为害怕感觉到"我不好"而无法自我反思。

他们为了自己的心理创伤而感到羞耻：

感受到情绪痛苦——我不好，我错了；

无力应对关系挑战——我无能，我错了；

有一些局限性的信念——我有问题，我错了……

从现在开始，试着对自己说：

那不是我的错。

不快乐，不是我的错。

感觉痛苦，不是我的错。

不懂怎么建立好的关系，也不是我的错。

我之所以是如今的样子，是因为我经历了很多痛苦，而且暂时还没找到与痛苦共处的方式。我是应该被同情的那个人，我要同情我自己，心疼我自己。

我就是那样长大的，我经历了那一切，所以现在我是这样的，这不是我的错。我没有做好某些事，没有达成某些期许，并不是犯错，只是一个受过伤的人携带着一些受伤后遗症，所以有

虽然不容易，但是没关系

时候难免失手，仅此而已。

没有人犯错。事情就是这样，情况就是这样，去论断谁对谁错并不能改变事实真相。我要对自己承认事实，面对这个真相。

只是每个人的想法不同，立场不同，需求不同，并不是有人犯错。我有能力看到世界的多样性，也有能力欣赏人的独特性。

从现在开始，我要放下"找错"的习惯，只是去看见，去体验，去理解，和自己的感觉在一起，和自己在一起。

△ 我们不一样，我们都很好

　　白筱静天性乐观，性格开朗，说起话来快言快语，也特别能哭。如果我不打扰她，她的眼泪可以充满整个50分钟的咨询时间。有一天，在她瀑布般的眼泪中我问了一句："你怎么了？是感觉到什么了吗？"她回答："我在流泪，但我没有伤心，其实我感觉很平静。"通过沟通，我慢慢理解到她是在替母亲哭泣，她有一个时常以泪洗面的抑郁的母亲。

　　陈松灵喜欢写作和烹饪，在绘画上也颇有天分。她的母亲是一位医生，一直希望她从医，所以对她当年从医学院退学改学中文怒不可遏。如今她大学毕业已经五年，前后找了五份工作，都无法长久。可以想见，母亲对她不会有好脸色。我问她："既然想写小说，为何不开始去做？"陈松灵望着地面，幽幽地答道："妈妈已经觉得我错了，我哪还敢更加错下去啊！"

　　若父母的关系不够亲密，父亲游离在家庭之外，即较少参与育儿，那么孩子的性格更多遗传自父亲，就会成为孩子人生的灾难。这主要是因为，孩子和母亲的天生气质差别很大，母亲会难以理解孩子，无法解读孩子的行为和情绪的含义，在和孩子连接失败之后，母亲的受挫和无能感会让她否定孩子，认为是孩子不好，太顽劣，太任性，太莫名其妙。更麻烦的是，如果母亲非但不能欣赏和认同父亲，还对父亲充满怨恨，那么这个和父亲相像的孩子，就会从母亲那里吸收到被厌恶、排斥、贬低的情感，误以为是自己不可爱,自己的存在本身出了问题。

在这种情况下,有些孩子会选择自我隐藏,把和父亲相似的特质压抑到意识之外,同时把母亲的想法和情绪移植到自己心里,比如陈松灵(她的父亲是一位沉迷写作的历史老师,她的性格和父亲很像);而另一些孩子则会选择和母亲对抗,通过叛逆的行为来表达自己,试图用行动告诉母亲:你不接受也得接受,这就是我,我和你想的不一样。

无论人们选择了哪种方式,无一例外地都会感到抑郁,因为他们没有活出完整的自己。

无法控制地想跟别人比,渴望得到别人的认同,让别人喜欢自己的需要远大于主张自己的想法……这没什么好羞耻的。关于这个部分,本书前面已经论述颇多。

要想成为自己的样子,重回自由的心灵,最首要的是在思想上同意:

对于你来说,父母也是别人。反之亦然。你之外的所有人——包括你的孩子——都是别人。

每个人都是不同的,即便孩子和父母也是一样。

你就是跟别人不一样。

你可以跟别人不一样。

跟别人不一样,是正常的。

你不需要跟别人一样,尤其是在思想和生活选择的问题上。

把属于父母的想法和情绪还给他们,是成为自己、活出自己的必经之路。首先要检视自己的思想,你都复制了父母的哪些观念。

每当你在想"我应该……我必须……"时,就停下来问问自己:"这个'应该'和'必须'是我的想法,还是我父母的想法?"

请对自己说:

基于父母的性格和人生经历,他们形成了令自己坚信的想法。

但我必须要对自己承认,我和父母生活在不同的时代,有着不同的人生经历,我们是不同的人。所以,父母的想法不一定适合我。过去,我秉承父母的想法去生活,给我徒添诸多不必要的心理压力。

我要确立我自己的想法,我要活在我自己的想法中。

我和父母不一样,我们都很好。

每当你对自己失望,无情地嘲笑自己,冷酷地咒骂自己,也要停下来问一问:"这是不是父母对我最不满的点?此时此刻,我是不是在模仿父母,用他们曾经对待我的方式来对待我自己?"

请对自己说:

用父母对待我的方式来对待自己,能让我重温童年的记忆,找到一种熟悉的正在与父母亲近的感觉。这就是我无法停止自我攻击、自我贬低的原因。

我可以有一万种方式来表达对父母的忠诚与爱,唯独不需要这种方式。我选择放手,与那种熟悉的感觉说再见,放弃对那种感觉的需要，我要建立新的和自己的关系模式。

从现在开始，每当我对自己失望，我就和自己聊天，在心里对自己说：我感受到对自己的失望，这令我无力，让我伤心。但也许，我是在替别人失望，我正站在别人的角度看自己，想象那个人正在对我失望。

我要站在我的角度看待自己，我是否喜欢自己，要取决于我的标准，我的想法，我的感觉，而不是取决于别人。

每当你没有原因地抑郁或焦虑，每当你深陷情绪的旋涡，每当你长时间地困扰于某个现实问题，都要停下来问自己：

"是不是我父母就长期抑郁，我父母就没有学会如何处理自己的情绪，我父母就在为这个问题痛苦不堪，而我，只是从他们那里取过接力棒继续往下跑？"

请对自己说：

我不需要通过与父母共担痛苦的方式去表达我的爱。

把父母的痛苦装进我的心里，并不能让他们好起来，更不能消除他们的痛苦，还会让我自己身陷囹圄，导致父母少了一个可以陪伴和理解他们的人。父母要为他们自己的人生负责任，就像我也要为自己的人生负责任一样。

父母是父母，我是我。我决定，把父母的感觉还给他们。从现在开始，我要拥有属于我自己的感觉，活在我自己的感觉中。

△ 同情并去爱曾经的自己

同情自己，并不是自怜自艾。

自我同情是强化作为主体的自己，站在高处看着自己的状态，共情自己某个受苦的部分。当一个人自怜自艾时，其实是弱化了自我的主体性，同时放大了受苦的部分，陷入一种自我沉浸的状态。前者的内在语言是："发生在过去的痛苦，如今依然困扰着我，我为此同情我自己"，后者的内在语言是："我就是痛苦，痛苦就是我，我是个可怜的人"。

在这个世界上，最应该同情你的人，就是你自己。

这一路走来，越过几道沟，爬过几座山，蹚过几条河，你是最清楚的那个人。如果善良是一个人最大的美德，那么不要忘了把这个美德用在自己身上，请毫不吝啬地对自己善良。请对自己报以深深的同情，同情自己的遭遇，同情自己的内在感受，同情自己的缺失，就像同情这世界上的其他生物一般。

当我对自己不满，当我憎恨和嘲笑自己，我就对自己报以深切的同情。同情那个痛苦无助的自己，同情那个正被伤害的自己，也同情那个正在自我伤害的自己。

当我深陷恐慌无助，为自己的状态感到羞耻，我就对自己报以深切的同情。同情那个被吓坏的自己，同情那个无法控制自身感受的自己，同情那个被感觉困住的自己，同情那个忘记自我同情的自己。

虽然不容易，但是没关系

当我遭遇挫折，当我失去爱，当我感到失望无助，当我意识到自己身处泥沼，我就对自己报以深切的同情。同情那个深受磨折的自己，同情自己那些丧失的哀伤，同情自己那些因心理创伤所致的不尽如人意的生活。

自我同情，用身为今天已经成年的自己，同情那个经受过痛苦的童年和青少年时期的自己。为自己落泪，为自己叹息，有着神奇的自我治疗效果，能让你深刻地意识到是过去的经历造就了今天的你，带着过去的印记走到今天，不可避免地都会受到创伤经验的影响。

没有人能穿越时空，去改变过去。无论你是否喜欢，那个过去，都是你的来处。无论你是否接受，今天，此刻，你就是这个样子的自己。

承认那一切的发生，承认自己本来的样子，直面生命真相的自我状态能让你从心底里生出力量，为自己做一些事：

每天改变一点点，让你的明天有所不同。

△ 送走坏情绪,留住好情绪

梅冰总在怀念半年前的一段时光。当时她刚开始做心理咨询不久,有一种豁然开朗的感觉,心里每天都很轻快,头脑里不再有激烈的对话,身体的不舒服也消失了。"天都开始蓝了,"她说。这种好情绪持续三周后,过去熟悉的焦虑、纠结、肌肉酸疼又回来了。现在,梅冰有时候也能感觉不错,却再没有过连续三周都很好的情况。梅冰因此非常沮丧,时常担心自己是不是退步了,是不是心理健康度又下降了。

梅冰把"积极的自我状态"和"进步、健康、成功"粘在了一起,似乎只要状态不好,有情绪上的痛苦就意味着遭遇了失败,变成了一个有心理问题的人,她在潜意识里觉得,心理问题约等于犯错。

如果用理性想一想,梅冰就会同意情绪状态的好坏不能和"我是谁"挂钩,因为情绪感觉是自然的心理现象,人无法仅凭自主意志让它们消失或改变它的内容和形式。从这个角度来说,她只是需要学习如何与情绪共处,如何接受自己的任何状态,和自己当下的感觉在一起。

帮助来访者体验到情绪——包括积极的和负面的——是会流动的,所有的情绪体验都是一时的、阶段性的,是心理咨询工作的重要内容之一。

身处抑郁无助或恐慌害怕时,能意识到这只是此刻当下的感觉，能想起曾经有过平静愉悦的时刻，也有过欢欣快乐、自信有力的时刻，同时相信此刻的感觉状态会慢慢淡去，那些平静愉悦的时刻还会再次回来，这是重要的心理能力，也是心智成熟的标志。就像在新冠病毒疫情之下，人们的经济和生活都受到不同程度的影响，此时要相信一切困难都是暂时的，这种低迷的状态总有一天会过去。

建立了对情绪状态的正确认知，人们就不会继续被情绪淹没，也不会害怕情绪，而是能够在情绪涌来时只是"待着"，然后和自己对话，等待情绪的强度慢慢变弱，直至淡化、流走。

当梅冰感到情绪低落、状态较差时，可以深呼吸，在心里这样告诉自己：

我此刻的感觉是……，我在想……，这就是此时此刻我心里的动态。

我承认我是这样的，我可以有这样的感觉。

我知道，我的感觉会流动。

此刻，我确实是这样的状态。但我还记得，在过去（某某时间），我曾经真切地感到安宁和平静，我还有过快乐兴奋的时刻，也有过愤怒伤心的时刻。

我知道人的感觉会流动，状态也会起伏，人不会总是高高兴兴，自然也不可能永远悲观抑郁。

此时此刻的感觉只是一个暂时的状态，我同意和这个状态在一起，我要深呼吸，接受它，跟它在一起。我要等着它缓慢流动，等着它慢慢流走，然后迎来下一个状态和感觉。

梅冰还要刻意记住安宁平静的情绪感觉。也就是说，每当那种积极的、舒适的好感觉进入她的意识状态，而她也注意到自己当下的状态不错，感觉很好时，也要深呼吸，就像把这种好感觉吸入身体里，然后在心里跟自己说：

我要记住我的感觉。

此时此刻，我感到如此安宁，舒适，内心平静，我喜欢这样的状态。

如果把我的身体想象成地图，那么这个感觉处于我身体的……，这种感觉就像是……（一个画面的隐喻），仿佛……（一个比喻、形象化的描述）。

我要记住这个感觉，把它放进我的记忆库。我喜欢它，希望以后它常来造访我，住在我的心里，留在我的身体里，成为我最好的朋友。

△ 虽然有病，但没关系

吴大良36岁了，一直和父母同住，不恋爱，不工作，也不交朋友，就待在家里不出门。他每天花大量时间思考自己的心理问题，和痛苦的情绪做斗争。他说："我心里很忙，顾不上别的事。想快点解决心理问题，好出去工作赚钱，慢慢地能成个家。"

吴大良的内在逻辑是：我得先解决了心理问题，才能投入生活。换言之，他认为一个有心理问题的人不能出去见人，也没法好好工作。

只要有一些理性的思考，就能意识到这是非常局限性的想法，因为几乎所有人都是带病坚持生活；一个高血压患者不能说，我得把血压降下来才能好好过日子，一个缺乏安全感的人也不能说，我要有了安全感才能谈恋爱结婚。

吴大良被想法所困只是表面现象，根本原因是他无法处理自己的羞耻感。"先解决心理问题，再投入生活"的想法，只是为了心安理得地把自己藏起来，逃避生活中的挑战，逃避面临挑战时的恐慌、无助和挫败感。然而这种策略却让他停滞不前，因为与情绪共处、人际关系、自我认知等能力都需要练习，不走出去，不投入生活，就没有机会练习，各项能力无法得到提升，还损失了生活的经历和体验。

我告诉吴大良，要把心理问题看成一个慢性病，类似高血压、糖尿病，暂时没有特效药可以断根儿，虽然有各种并发症，有这样那样的限制，需要持续治疗，还会感觉不太舒服，却还是可以好好过日子。而且有一个好消息是，身体的慢性病搞不好会有生命危险，可是心理的慢性病却没有危险，身体的慢性病只能维持，可是心理的慢性病只要好好治疗，不断地自我帮助，就能慢慢好起来，过上身心舒泰的日子。

人只要活着，就会有各种各样的问题。会生病，会失恋，会残疾，会遇到财务危机，还会面临死亡威胁，或比上述这些更可怕的事。可是，无论发生了什么，经历了什么，生活总要继续。我父亲常说的一句话是："高高兴兴是一辈子，愁眉苦脸也是一辈子，还是高高兴兴，该咋着咋着吧！"也许是受到父亲乐观性格的影响，每当我遇到任何困难和挑战，都会问自己一个问题："如果搞不好，我会死吗？"当然我的回答总是"不会！"反正又不会死，还有什么好怕的，那就去试试看吧！

一位美国的心理学家说道："人生苦难重重。"

生活的本质就是一个问题接着一个问题，而我们要做的就是面对这些问题，然后力所能及地去解决。随着时间的推移，有些问题会消失或弱化，比如一边照顾幼儿，一边辛苦工作的单亲妈妈，等孩子长大了，自然就能轻松起来。通过个人的努力，有些问题也会慢慢改善，比如吴大良的情绪问题和经济困境。然而有些问题却可能永久存在，比如慢性病、残疾、丧亲，还有某些精神疾病，人们得学会如何与这些问题共处，带着问题继续投入生活。就像美国电影《叫我第一名》的主人公，他称呼自己的"妥瑞症"为："我的朋友"。

△ 自救的两种方式

　　阿明头发柔软稀少，贴在头皮上，他小眼睛，尖下巴，天生小骨架，整个人却透着壮硕结实。阿明的肩膀和胳膊就像刚吃了菠菜的大力水手，双手撑在膝盖上，上身挺直，端坐在沙发上，不像来做心理咨询，倒像是来谈判。我后来才知道，阿明青少年时期曾饱受校园霸凌之苦，无论去哪儿求学都会被坏同学盯上。读大二那年，他无意间接触了健身，至今已经八年了。"自从我练成这样，就再也没人敢欺负我了，"阿明说，"现在来咨询，是想学习怎么对女朋友好。"

　　小柏也曾经是校园霸凌的受害者，而他"帮助"自己的方式是退学回家，在家里打游戏、睡觉、足不出户。这影响了他的自尊和价值感，因为父母经常责骂他，邻居们也对他指指点点，亲戚们把他当作失败者的典型。一段时间之后，小柏结交了几个跟他状态差不多的朋友，要么一起喝得酩酊大醉，然后昏昏沉沉地睡去，要么就结伴去胡混好几天不回家。小柏是被父亲押到咨询室的，我们只会谈了一次，后来便再也没见过他。

　　多年的心理咨询工作让我认识到：无论人们做了什么，都是为了帮助自己，每一个人，都在用自己的方式努力生活。

　　阿明通过健身改变羸弱的身型，又训练走姿和坐姿，这些都让他看起来不容侵犯，他是为了震慑坏人，保护自己免受伤害；小柏也是一样，他退学回家，是为了把自己从孤立无援、丧失尊严的环境中解救出来,他通过酗酒来自我麻痹,忘掉因被霸凌而带来的耻辱和无助感,又周期性地从性工作者那里得到片刻安慰,找到一点对他人和生活的主控感(确实是饮鸩止渴的自救方式)。

人们的自救方式有两大类:自我建设和自我破坏。

所谓自我建设,就是做对自尊、关系和身心健康有促进作用的事,比如阅读、健身、打太极拳、做心理咨询等;相对应的,自我破坏就是做对自尊、关系和身心健康有破坏性的事,比如酗酒、暴食、上瘾症、沉迷网络等。

面对生活的困境,选择自我建设还是自我破坏,有些像武侠小说的主人公面临选择加入哪个门派——究竟是循序渐进,耐心修习正道武功,还是妄图走捷径进入魔道。前者虽慢,却让人拥有稳定的生活和健康的体魄,后者也许很快见效,却会走火入魔,导致妻离子散,家破人亡。

常开车的人都有这个经验:嫌主路上车太多就改走辅路,或开到小巷里,不料只能跟着行人和自行车慢慢挪步,搞不好又遇到违章停车或对面来车,还得停车避让。本意是想抄近道,反而用了比走主路更多的时间。

这个世界上,根本没有捷径可走。

这么简单的道理哪一个成年人没有听过呢?小柏难道不知道他正在自我麻痹、自我放弃?他心里应该很清楚,他正在做着一些短视的行为,已经放弃为自己的人生负责任。只不过,他已经进入了恶性循环,被无力和羞耻感控制,实在不知道该如何帮助自己。他就像一个被囚禁的人——被囚禁在自己的精神意识中——心里感觉无法逃脱,干脆就放弃抵抗,瘫成一团。

小柏们可以怎么办呢?

小柏的沉沦和逃避,最初并不是为了破坏自己,而是为了自救。只不过,事物总有两面性,一个"好"的方式可能有副作用,一个"坏"的选择必然也伴随着一些好处和价值。心理创伤会降低人们对危险的评估能力,这也是人们在恐慌之下容易做出错误决策,从一个火坑跳进另一个火坑的原因。

情绪痛苦就像翻滚的浪潮,人被裹挟其中,身体和内心都会失去平衡,会失去安全感,会夸大问题的严重性,也会看不清自己和环境的本相,还可能会对自己产生厌恶和排斥感,把自己视为失败者,无能者,一个糟糕的人,即被羞耻感淹没和控制——这正是导致自我破坏死循环的罪魁祸首:

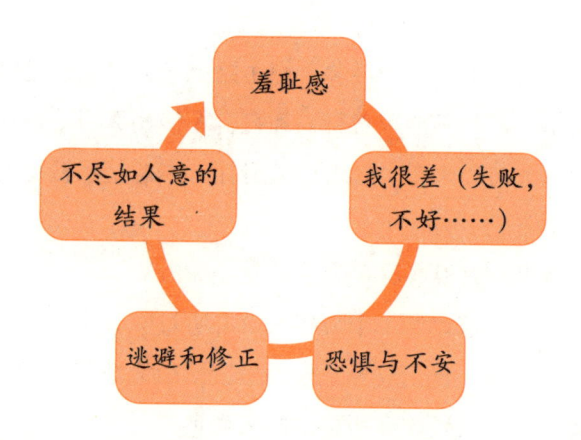

羞耻感 → 我很差(失败,不好……) → 恐惧与不安 → 逃避和修正 → 不尽如人意的结果 → 羞耻感

要打破这个负性循环,当然不是去除羞耻感(正如前文所言,羞耻感和饥饿、口渴、悲喜一样,会周期性地来到人们的意

识里），而是停止（或减少）对羞耻感的恐惧，也就是要把这个循环图变成：

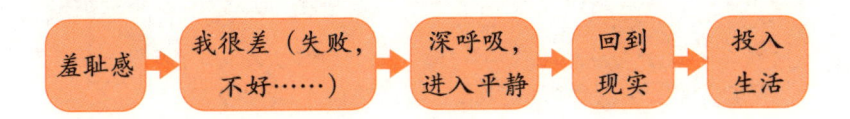

羞耻感 → 我很差（失败，不好……） → 深呼吸，进入平静 → 回到现实 → 投入生活

要从自我破坏的死循环中走出来，小柏要做的第一件事是：经常深呼吸。

痛苦无助时，深呼吸。

空虚无聊时，深呼吸。

失眠焦虑时，深呼吸。

身体发僵时，深呼吸。

自卑怀疑时，深呼吸。

紧张慌乱时，深呼吸。

莫名难受时，深呼吸。

心里乱糟糟时，深呼吸。

……

深呼吸，就像是把自己交给博大的宇宙能量；

深呼吸，就像是把健康的活力纳入身体，而后再吐出体内的浊气。

深呼吸，给自我和身体进行连接，让身体和心灵得以同步；

深呼吸，调动自我的精神力量，降低痛苦感觉的强度，回归平静的内在空间。

此时此刻就来深呼吸吧！

坐直你的身体，让身体舒展，让空气流动，先深深地吸一口气，不要耸肩，让空气充满胸腔和腹腔，略停顿，微微张开嘴巴，把刚才吸进去的所有空气缓缓地吐出来，像吹出一条细细的气流。

连续做三个深呼吸（没错，请再来两个深呼吸吧）。

完成之后，请用几秒钟感受身体的感觉。头，肩膀，手臂，前胸和后背，臀部，腰部，双腿，还有双脚。

嗯，现在，你是否感到身体有了瞬间的松快？心里也有了些许的平静？

你可以随时随地深呼吸。开车，走路，等人，刷手机，下午茶，工作间隙，吃饭睡觉上厕所……任何时候，只要想起来，就来三个深呼吸，感受一下身体的感觉，然后继续投入你正在进行的事。

要从自我破坏的死循环中走出来，小柏要做的第二件事是：在感觉痛苦时一边深呼吸，一边自我对话。

经过一段时间的深呼吸练习，当小柏已经逐渐习惯了深呼吸并感受身体，那么他可以开始进入下一个阶段。

痛苦无助时，连续三个深呼吸，而后在心里对自己说：

我感到痛苦，我被无助的感觉笼罩。

我决定和我的感觉待着，去感受这感觉。

毕竟是血肉之躯，人都有感觉弱小的时候，都有感觉无助的时候，这种感觉就像……，又像……，还像……，身处这种感觉的我自己，就像……，也像……，还像……

这就是我此刻的感觉，我有无助的感觉，我不是无助的人。

我允许自己感受到这些痛苦和无助，我有能力和这种感觉共处。

空虚无聊时，连续三个深呼吸，而后在心里对自己说：

空虚无聊的感觉，挺不好受的，这感觉很难熬。

在过去，每当这个时候我总想做些什么，去冲淡它，最好忘了它。

但现在，我决定感受一下它，看看它在我的心里，在我的身体里，究竟是一种什么感觉。

每个人都会有这种空虚无聊的感觉。此时此刻，我有空虚无聊的感觉，但我不是空虚无聊的人。

我允许自己感受到空虚和无聊，我要学会和这种感觉共处。

失眠焦虑时，连续三个深呼吸，而后在心里对自己说：

我正在因为莫名的焦虑而失眠，同时我也看到我自己，因为失眠而加剧了焦虑的情绪。

这就是我此刻的状态，我承认，事情就是这样。

我可以焦虑，也可以失眠，反正不会死人，不会世界末日，不会把我变坏。

这只是我的感觉，感觉而已，我能忍受这些感觉。

焦虑的感觉就像……，像……，也像……，被焦虑感充满的我，就像……，像……，还像……。我有焦虑的感觉，但我不是焦虑的人。

我要提升忍耐焦虑的能力，此刻是一个自我训练的机会。我可以的。

身体发僵时，连续三个深呼吸，而后在心里对自己说：

我知道，这个身体发僵的感觉是在告诉我，我正在感到羞耻，我正在猛烈地抨击自己，这些自我攻击的声音让我恐惧，我害怕那些声音说的是事实，就像我真的有那么差劲，那么糟糕，那么不值得被爱，没有存在的价值。

感觉并不等于现实。我只是有一些羞耻的感觉，有一些"我不好、我很差"的感觉，但我并不是羞耻的人。

在现实上来说，我其实是一个很好的人，我有很多能力，在某些方面来说，我是个优秀的人。

我要把我的感觉和现实作区分。

我受到过一些心理创伤，我曾经被虐待（抛弃、忽视），那些导致我的感觉经常和现实不符，我会不自觉地把感觉和现实等同，但实际上，感觉是感觉，现实是现实，这是两回事。

这个身体发僵的感觉正在把我带回童年的记忆，我正在被过去的创伤掌控，这不是我的意志所能决定的。所以，此时此刻，我决定就是和这个发僵的感觉在一起待着，不抗拒它，不分析它的意义，只是感受它，我可以仅仅跟它待着。

我还可以站起来，动动我的身体，缓解这个发僵的感觉，看看四周和他人，去喝口水，暂时离开这个环境，出去透透气，伸个懒腰，这些动作可以帮助我回到现实，回到成年的我的意识中。

自卑怀疑时，连续三个深呼吸，而后在心里对自己说：

我感觉到自己的不足，我在怀疑自己，无法信任自己的感觉和想法，对自己有很多的不确定。

这种感觉真是糟糕透了。

我承认这种当下的状态，这就是现在的我，此刻的我。

我只是有一些自卑的感觉，感觉并不等于现实，我并不是个无能的人，我只是有无能的感觉。

我可以有这种感觉。

每当我感到挫败，这种无能和自卑的感觉就会涌过来，我要学会和这些感觉共处，我有能力消化我的感觉。

这些感觉就像流水，此刻正好流到我这里，我知道，再过一会儿，它又会流走，我只需耐心等待它的流走。

紧张慌乱时，连续三个深呼吸，而后在心里对自己说：

我感觉到紧张和慌乱，我在害怕，我正在想一些可怕的事。

平静，现在我需要让自己平静下来，一味被紧张慌乱淹没，并不能解决任何问题，唯有平静能让我脑子清醒，能想到更好的办法。

平静……平静……平静……我要帮助自己平静下来，我可以平静，我决定回到平静里。

让平静进入我的头脑，进入我的身体，进入我的心灵，我要拥抱平静的感觉。

平静……平静……平静……

莫名难受时，连续三个深呼吸，而后在心里对自己说：

我感觉很难受，但我不清楚我为什么难受，也不理解这个难受的内容是什么，这种"不清楚不理解"比难受本身还更让我难受。

我要对自己承认，这就是此刻的我，我现在就是这样的。

这跟我的心理创伤有关，过去的创伤经历，损伤了我理解自己感受的能力，这不是我的错，也不是我的问题，我得同情我自己，这是多么值得同情的一件事啊！

我要和这种"不知为何难受，不知难受什么"的感觉待在一起，仅仅是待着，跟这个感觉在一起，我允许自己来到这样的状态里。

我相信，只要我持续这样做，我会慢慢对自己的情绪感到安全，总有一天，我会明白我自己，理解自己的感受，我会知道我怎么了。

我要耐心等待那一天的到来。

心里乱糟糟时，连续三个深呼吸，而后在心里对自己说：

我感觉心里乱极了，各种想法和声音此起彼伏，嘲笑的，咒骂的，抱怨的，讽刺挖苦的，提建议的……

我知道，我正在用这些声音代替我的羞耻感。

每当我认为自己错了，每当我认为自己很差劲，每当我认为自己搞砸了一些事，就会发起对自己的无情攻击，就像此刻我正在对自己做的事。

它们常常发生得太快,在我还没有反应过来时就已经淹没了我。

现在我知道了,我害怕体验到羞耻的感觉,在过去也一直没有能力消化它,所以才一直被困扰。

现在,我同意自己感受到羞耻的感觉,我可以感觉它,我要和这个感觉待在一起,看看它会不会杀死我。

我要学会跟羞耻感共处,我知道它只是一种感觉,一种和饥饿、疼痛、生气、快乐一样的感觉。感觉,是不会杀死我的,感觉,是我的一部分而已,我是它的拥有者。

我有能力待在我的感觉里。

你可以自行创造属于你的自我对话,你自己想出来的话语,才最能安抚到你,对你最有价值。

要从自我破坏的死循环中走出来,小柏要做的第三件事是:换一个新环境,换一拨新朋友,建立新的生活习惯。

小柏必须在思想上认识到,每当他做着破坏自己的行为,心里就会涌起莫名的快感。正如第四章所说,当人们陷入强迫性重复,重演着童年时期父母对待自己的方式时,他们的感觉是既痛苦又快乐的,那种心理上的熟悉感会让人欲罢不能。

如果他继续待在熟悉的环境,和熟悉的人在一起,就很难建立新的自我建设模式。一方面是因为,在物理距离上和父母越亲近,他就越倾向于在心理上退行,重复孩童式的非理性的自我破坏模式;另一方面是因为,亲戚邻居对小柏的固有看法,他对老朋友的群体认同也会影响他改变自己、重建自我的决心。

最后，还要提醒小柏们：在自我破坏的道路上走得越久，改变起来就越困难，因为大脑是会被塑造的。

如果某个行为日复一日地重复，这个行为就会变成固定程序，与这个行为有关的神经区域会变得非常活跃，让人总想去实施这个行为，哪怕理性上知道那样做非但不会得到快乐，事后还会感觉空虚。换言之，此时的人已经失去自我的灵活性和反思能力，就像被设定了程序的机器，只是去做无意义的机械重复，而不追问自己"为何做"。

改变，不只是改变行为模式那么简单，还意味着改写大脑里的神经通路，熄灭过于活跃的自我破坏模式。点亮沉睡已久的自我建设区域，需要有坚定的决心，需要付出艰辛的努力，更需要给自己足够的时间和耐心。

Part 7

虽然有点难，
但没关系啊

正视困境，并在困境中思考自己，
整理自己的内心，
是帮助人们走过困境的重要心理资源。

虽然有点难，
但没关系啊

　　社会就像滚滚洪流，所有人都不可避免地被裹挟其中，人们和社会的浪潮一起奔腾，起伏，翻涌，奏出动人心弦的诗歌。当文学作品写出"大时代背景下小人物的跌宕命运"，就会深入人心，让万千读者或观众动容，那是因为人们能在主人公身上找到自己的影子，进而完成情感的投射与映照。换言之，大部分人都曾在类似的情境下困顿，挣扎，呐喊。

　　回顾历史，也总有少数人会在社会大潮改变风向之前就警觉地嗅出异味，要么赶在被社会淹没之前逃离环境，去到一个有秩序的、相对稳定的地方，重新开始；要么看清现实，及时调整思想认知，在变化中找到机遇，顺势而为。可以说这些人是头脑清醒的，也可以说他们是不随波逐流的。他们有着强大的内心，独立的自我觉知，这让他们表面上看起来和别人一样，也是社会洪流的一粒沙，但他们的内在里却有着磐石般的意志和青松般的勇气。

　　没有人可以左右历史的脚步，作为普通人，我们对社会环境的影响非常有限（能不被环境影响已经不易），但我们可以让自己时常跃出水面，看清周围的环境，找到最有利的位置，然后再通过自我整合与发展，在这滚滚洪流之中稳稳地扎根于自己。

△ 痛苦无可避免,快乐可以制造

新冠肺炎疫情给人们带来的不只是病毒的危险,还有对工作、经济、生活方式、人际关系等方方面面的影响和改变。新冠疫情暴发初期,朋友小廖所在的企业只发基本工资,妻子的外贸生意收入几乎可以忽略不计,他们不得不到处借钱还房贷;我的另一个朋友阿黄,2020年春节前刚盘下一个餐厅,打算趁着过年大赚一笔,结果连一桌年夜饭都没有卖出去。

对很多人来说,2020年,无疑是非常艰难的一年,此时最重要的一件事莫过于:活下来。

在新冠肺炎疫情之前,全世界范围内就发生了很多令人意想不到的灾难,大火、地震、蝗灾、暴风雪等等。我们无法预测,接下来会不会又有新的闻所未闻的灾难,因为世界不会以任何人的意志为转移,所有的人都无法未卜先知,我们只能调整好心态,以不变应万变,做自己能做的。

当灾难猝不及防地迎面扑来,暂时没有好的解决办法却又无法躲避之时,忍耐痛苦——现实的和情绪的——等待黎明就是最好的应对方案。很多曾遭遇童年创伤的人都曾经使用过这样的方案:没有办法又无力逃脱,那么只好努力忍耐,这个忍耐的过程虽然煎熬,也会带来心理上的创伤,但毕竟从灾难中活了下来。人的心理有无限的自我修复能力,只要能活下来,心理上的创痛总是能慢慢消化,慢慢疗愈,慢慢从创伤中恢复出勃勃生机。

留得青山在,哪怕没柴烧。这句谚语非常有画面感。一座满眼树木的巍峨高山，山前站着一个人，这个人虽一无所有，内心却非常踏实，因为他知道，只要这座山还在，他的生命还在，人生就充满了希望和未来。

多少年来，每当我身处逆境，遭受挫折，就会用这句话来安抚自己，只要读到它，想到它，心底里就油然而生一股力量，这个力量会带来"我得活着"的想法，让我生出无穷的勇气，忍耐打击和挫折的痛苦，面对生活和自我的挑战，解决种种麻烦和难题。我就是这样一路走到今天的。

相信很多人都有过类似的经验：可怕的事情发生时，我们会觉得这是灾难，觉得这是不可承受的痛苦，可是真的走过那段艰难的路程再回头看时，会讶异于自己的坚韧和强大，也意识到自己当初对困难有些夸大，低估了自己的承受能力。

在无可躲避的逆境中忍耐痛苦，韬光养晦，静待生机，是非常重要的心理能力。

人生不可能一帆风顺，生活中总会有暗流和沟壑、挑战和困境，这是所有成年人都知道的道理。然而要把这个道理注入潜意识，让人们从身体和心理上都感觉到，却不容易。因为父母和老师教给我们很多东西，却很少告诉我们：

人活着本身就是痛苦的，人活着，就是不断地解决问题，应对内忧和外困互相交织的生活。如果能顺利从母体中降生人世，所有人都必须走完自己平凡的一生，充满孤独和无聊的一生，以痛苦为主、幸福为辅的一生。

如果按百分比来划分，人的一生之中大约70%的时刻都是痛苦和忧愁（人每天都得想办法解决饥饿、口渴、困倦、尿急等生理痛苦，姑且不论疾病、心理和精神的痛苦），剩下的30%里，大约20%是平静的（没有痛苦也没有快乐），还有10%是幸福和快乐的。

令人沮丧也值得庆幸的是，那10%的幸福从来不会集中出现，而是像金砾一般，星星点点地出现在生命历程中的某些时刻。沮丧是因为，大部分人都不会时时刻刻、连续多年都身处纯粹的幸福和快乐之中；庆幸是因为，那不均匀分布的幸福和快乐，给了我们忍耐痛苦的理由，给了我们在痛苦中活下去的希望，更让我们在痛苦之中生出许多力量和勇气，学习应对痛苦，学习和痛苦共处，只为了赢得那短暂却弥足珍贵的幸福和快乐。

既然痛苦是必然存在的，不如改变对痛苦的态度，不要排斥它，也不要试图掩盖它，而是正视它，忍耐它，想办法与之共处，甚至使用它，让它成为磨砺心智、提升生活驾驭能力的媒介，把它作为生命历程的一部分去体验它，经历它，让它丰富我们的人生。

△ 允许自己好好哭一场

和海啸、地震等瞬时性、地域性的灾难相比，病毒具有时间的延续性，更突破了空间和地域的界限，会让人们有一种随时被袭击的恐慌和无助感。

国家卫健委公布的数据显示，截至2020年10月24日24时，中国境内因新冠病毒累计死亡病例为4634例，这个数据意味着，有四千多个家庭在这场病毒战中失去了重要的亲人。在疫情中丧亲并不是孤立的个体事件，而是公共卫生危机下数千个家庭幸存者的共同遭遇。在镜像神经元细胞的作用下，大面积的个体、家庭、社区的哀伤情绪也会引发社会公众的哀伤传染和群体创伤体验，还可能激发人们潜在的心理创伤。

这是值得所有人关注的心理现象——如果注意到自己或身边人出现应激性的身心反应，应尽快寻求专业的帮助，而非无视或将其合理化，任由其自行发展（处于创伤反应中却没有得到有效治疗，可能会对工作、生活、关系等造成负面影响）。

我们需要面对的远不止亲人突然离世带来的丧失感，还包括生活的便利性，社交联系的及时性，对环境的可控感，对未来的确定感等等。除了适应新的生活方式，调整对生活和社会环境的心理期待，我们还有必要哀悼这些丧失，慢慢消化丧失、离别和悲伤的情感。唯有如此，人们才能真正放下对过去的怀念和留恋，整理好身心，进入当下和未来的生活。

生活中原本就充满了离别。失恋，离婚，宠物死亡，婴儿夭折，离开父母远行等等，无一不是令人悲伤的时刻。即便不是新冠疫情，亲人和爱人也可能会以其他形式离开我们。可以这么说：面对生命的无常，为不可避免的丧失哀悼，是所有人都需要学会的功课。

要哀悼那令人悲伤的丧失，就要在理性上认识到，丧失发生后，人们常常会经历七个心理过程：

否认—内疚—愤怒—妥协—消沉—承认—面对。

1.否认，即"简直不能相信"，倾向于认为事情不是那个样子的；

2.内疚，即"如果我当初……"，认为自己做得不好，为了自己做过和没做过的事感到自责和懊悔；

3.愤怒，即"为什么是我？"在确认事实无可改变之后，愤怒地想找到一个人来为这个局面负责任；

4.妥协，即"如果事情能有所不同，我愿意……"，当情绪的痛苦程度稍微回落，可能会徒劳地对上天许愿，寄希望于奇迹的发生；

5.消沉，即"既然如此，还有什么意思？"发现事情的不可逆转性，因而不得不面对巨大的悲伤，此时可能会长时间沉浸在回忆中。

6.承认，即"好吧，事情就是这样"，随着时间的推移，人们逐渐意识到自己究竟经历了什么，失去了什么，开始在理性上承认可怕的一切。

7.面对，即"生活总要继续"，时间是治疗伤痛最好的金创药，人类可敬的心理修复能力必将发挥功能，帮助人们面对现实，重建生活和自我，找到属于自己前行的路。

这七个阶段是人们面对哀伤时的正常心理反应，不同的人可能需要不同的时间长度，无须因为亲朋好友的安抚规劝就假装一切都很好，隐藏自己的情绪。要允许自己的所有情绪状态，以便进行充分的哀悼。在这个过程中，若感到情绪的痛苦太具淹没性，还可以寻求专业心理咨询师的帮助。

△ 远离不必要的负性刺激

2020年春节前后，有关疫情的资讯满天飞，社交媒体上被各种观点、各种知识充满。在那个时期，我特意减少了刷微博和微信朋友圈的频率，因为我天生敏感，特别容易共情他人，阅读太多情绪性、刺激性的信息，可能会代入他人的创伤体验，给自己带来不必要的焦虑和恐慌。

事实上，在平时的生活中，我几乎不看充满暴力和恐怖画面的电影，实在遇到打斗过于猛烈、过于血腥的镜头，我会闭上眼睛，想点别的事情，暂时从电影里抽离出来，等那个段落过去了，再睁开眼睛继续看。因为我知道，电影就是用画面、声音、剪辑等方式，通过给大脑输入隐喻和暗示，营造真实的幻境，让大脑相信看到的一切就是真实的；大脑里的镜像神经元细胞就像是内置程序，会不加选择地吸收和模仿来自他人——包括虚拟故事里的人和动物——的想法、情绪和情感。

我就像钢琴家保护自己的手一样保护我的精神世界，远离不必要的负性刺激，尽可能多地保持平静和安宁。环境越安静，音乐旋律就越生动美妙，画布越整洁，颜料色彩就越纯粹干净，同样的，内心越平静，距离真实的自己也越近，越能活在当下，也更容易感知到自己的想法和感受。

当社会突发强烈灾害时，若非记者、志愿者、社会管理者等必要的工作人员，普通大众要尽可能隔离那些有刺激性的信息、故事和画面；媒体要在新闻中更多报道事实，减少过于情绪性、过于画面感的叙述方式，最大程度上减少情绪传染和社会创伤的广度和强度。人们需要明白，那些频繁转发惊人资讯的人，正是因为太过恐慌，失去了心理的安全感，才会以这种方式把焦虑和恐惧投射出去。当你去阅读那些资讯时，就相当于在接收他们的情绪，认同了他们的投射，对自己的身心健康是非常不利的。

要避免感染群体性的创伤情绪，在社会性危机暴发时，除了只看官方正式的新闻报道，避免阅读过于细节化、画面感和情绪性的故事外，还要增强现实感，认识到自己正身处安全的环境中，感觉到生活是可控的。具体的做法如下：

1.让身体动起来，比如做家务、散步、运动、整理房间等，这是感受到现实稳定感的最好方式；

2.留意观察周围的环境，看看花草树木，摸摸泥土木头，眺望远处的风景，感受自然的力量和生机；

3.和亲近的人拥抱，让身体感知到对方的温度，体验到关系的亲密和真实感。若你是独居，也可以拥抱你的布娃娃，你的宠物，任何一件你心爱的充满情感的物品；

4.写下一天的日程，尽可能在同一时间做同样的事，比如固定在早上七点半吃早餐，下午三点打电话等，赋予生活一种秩序感；

5.每天拿出专门的时间（1~3分钟）感受自己的身体。可以从头，也可以从脚开始，把所有注意力集中到正在感受的身体部位，然后再逐渐过渡到其他部位；

6.饮食时，专心饮食，细细品尝食物的味道，感觉食物在口腔里的触感、上下搅动的感觉、吞咽的感觉等等。

要避免感染群体性的创伤情绪，还可以给自己进行积极的心理建设。相信官方的管理能力（官方已经用事实赢得了大众的信任），信任自己的免疫力和适应生活的能力（上一章的自我对话练习有此效果），养成一种在负面事件里找到积极意义的思维习惯（在下一节会详述这个话题），可以尝试与自我对话，比如：

亲爱的我的身体，你一定会很好的，我相信你的免疫力，让我们共同面对这一切。

我知道我是安全的，我有能力给自己提供安全感，我现在正身处安全的环境，我的周围是安全的。

事情不可能一成不变，目前的情况不代表将来，我相信随着日子一天天过去，一切都会慢慢好起来。

最后，当周围的人都高度关注疫情，比如关怀医护工作者、去前线做志愿者、撰写转发相关文章资讯等，作为社会群体一员的你，却选择隔离部分信息，可能会让你产生一些羞愧、内疚的感觉，担心自己是不是太冷漠了，没有与他人同甘共苦，或者担心自己错过了重要的信息，成为社会的边缘人群。在这里需要做个现实区分，即减少对刺激性信息的关注，并不是屏蔽所有信息，也不是不作为。你仍然可以关怀身边的人，为有需求的群体提供力所能及的支持。

△ 翻越困境的大山，追寻生命的意义

《追寻生命的意义》是我读过的最震撼心灵的书之一。作者弗兰克尔是一位心理学家，也是二战集中营的幸存者（除了他和妹妹，他的家人都死在了集中营里）。在被关进集中营之初，他就意识到"除了可笑的赤裸裸的生命之外，没有任何东西可以失去"，他所有的财物都被剥夺，所有身为人的价值都被破坏，日日夜夜地经受着饥饿、寒冷和严酷的拷打。

在暗无天日、看似毫无希望的绝境中，弗兰克尔是如何顽强地生存下来的呢？

弗兰克尔在书里引用了哲学家尼采的话：

一个知道"为什么活"的人，懂得所有"怎么活"的问题。

这是支撑他活着走出集中营的内在动力之一。正如他所言，痛苦一旦被发掘出了意义，那么痛苦就不再如大山压顶般的令人绝望，而是变得能够忍受，有了被消化的空间。当人们开始在痛苦中思考"我是谁，我为什么活着"这样的问题，就开始从痛苦的混沌中醒来，慢慢走向精神的自由和思想的独立，进而开启富于生命活力的人生。

阿黄的餐厅苦撑到 2020 年 4 月，他不得不抵押唯一的住房向银行贷款，又活了几个月才迎来好转的迹象。这一年过去，不到四十岁的他，头发已经有些花白，他苦笑着说："都是愁坏了。"他一口喝光面前的茶水，又继续说道，"最艰难的时候，我一个人崩溃大哭，压力大得睡不着觉，每天都在想关门算了，我不断

问自己为什么要开餐厅，为什么要受这个罪，为什么还不关门，后来我想明白了，做一家整条街最好吃的餐厅是我从小就有的梦想，对我来说再没有比这更重要的事了，所以再苦再难我也要坚持。现在看来，那时候受的苦都是值得的。"

小廖告诉我，到了2020年7月，他们公司终于开始发全薪，妻子也找到一份临时的翻译工作，虽说不稳定，但总算有了一份收入，家里的经济危机得到了缓解。这次经历让他和妻子深深地感受到彼此的重要性。"有天晚上我跟一个老同学打电话借钱被拒绝了。我感觉很沮丧，躺床上发呆。我老婆就过来抱我，跟我说，如果不是因为这次疫情，她都不知道原来她那么爱我，"小廖说，"我顿时感觉好多了，其实我的感觉跟她是一样的。"半年的焦虑彷徨，一方面加强了婚姻关系的纽带，让他们更加信任和依赖彼此，另一方面也让他们有了居安思危的意识，痛下决心，要在正职之外发展增加收入的渠道，提升家庭的抗风险能力。

正视困境，并在困境中思考自己，整理自己的内心，是帮助人们走过困境的重要心理资源。

回望过去的岁月，每当我身处无边的困境中又不知道怎么办时，总是会想到"天将降大任于斯人也，必先苦其心志，劳其筋骨，饿其体肤，空乏其身，行拂乱其所为，所以动心忍性，曾益其所不能"，这段话常常给予我无限的力量，安慰我，鼓励我，帮助我承认当下的困境，让我逐渐找到困境带给我的积极意义，比如：

这是人生经历的一部分，这个困境带来的痛苦会促进我心理上的成熟。

　　这是老天爷交给我的人生答题板，让我有机会学习如何解决这样的问题，如果我学会了，我会变得更强大，更有智慧，有更多创造幸福生活的能力。

　　是我性格上的弱点带我来到这里，通过这件事，让我认清自己的短板。这是生活教会我的一些东西，告诉我，我还欠缺什么，还需要提升什么。性格决定命运，如果我改善了我的弱点，今后我将收获更加丰盈的人生。

　　不是只有我一个人在受苦。现在市场环境整体上都不太好，大家都在努力忍受。社会也像大海的浪潮总是高高低低，这时候我只需要跟别人一样，忍耐现在的低谷，等待下一个好时期的出现。我应该趁低潮期好好休息，好好整理自己，待好时机来临时，用更好的状态去迎接它。

　　如果不是这个困境，我可能没有机会结识某个朋友，正是这个困难带我找到了他，让我有了这么好的一个朋友，以后再也没有精神上的孤独，人际上的隔绝。所以，这个困境带来的并不全是坏事。

　　当我能从困境中找到积极的意义，困境就成为真实生活的必然组成部分，是促进心智成熟的契机，是提升驾驭生活能力的资源。困境不再是一堵将我禁锢起来的墙，也不再是一座不可逾越的大山，而是人生道路上的一个点，一段路。只要鼓足勇气，尽己所能地前行，哪怕一天只走一厘米，也总有走过去的那一天。

△ 死亡不可怕，焦虑才可怕

人类作为拥有自我意识的群体，在很小的时候，我们就隐约知道自己有一天总会死去，却不知道什么时候、以什么方式死。这就是我们努力去爱，去繁衍，去学习，去创造的内在动力。我们总想在生的起点和死的终点之间体验一些什么，留下一些什么，铭记一些什么，通过这些积极的方式把死亡焦虑压抑到潜意识深处，仿佛它不存在，仿佛自己可以永生，只有如此，才能心安理得、舒适自在地消磨时光。

全球每年非正常死亡——车祸、意外、自杀、疾病等——的人有几千万，我们会对他们报以同情，却不一定会引发自己的死亡焦虑。因为大部分人都有一种自信，坚信只要自己安全驾驶，小心谨慎，健康饮食，锻炼身体，这些可怕的事就不会找上门。换言之，人们总觉得自己能控制这些危险。

但如果身边有人因新冠病毒离世就是另外一回事了。因为对于病毒，个人能做的非常有限，当时也没有人能回答，安全的疫苗究竟什么时候可以普及，这才是让人们感到死亡离自己很近，并为此恐慌的原因。

所谓的安全感，其实就是人们能在多大程度上认为自己有能力控制自己、他人和周围的环境。一旦这种控制能力被挑战（更严重的是被摧毁），人们就会被焦虑侵扰，觉得必须做些什么，以便重新找回控制感。在新冠疫情初期，有些人找到控制感的方式是抢购食物和生活用品。他们表面的想法是一旦物资短缺，就可以维持全家人的生活所需，但在这些行为之下，其实还有他们未曾意识到的、关于死亡焦虑的想法：面临死亡威胁，这些东西可以救命，让我尽可能久地活下去。

日常生活中也有人通过购物的方式寻找自我满足的感觉，本质上也是通过实体的物品，象征性地满足内心情感的需求（类似用抽烟缓解焦虑和无聊）。只是新冠疫情期间的物品囤积，还有一种与死亡恐惧有关的"末日"感，在想象中的"生死关头"，感到自己没有可信任可依赖的人（这种感觉不一定符合现实），只有这些实实在在的东西可以提供安全感，提供自己对生活的控制感。这些人通常都难以信任官方的通告，就像小时候也无法信任自己的父母一样。

此时能够帮助人们平静下来并排解死亡焦虑的方式包括：

冥想。找一个舒服的地方坐下，先做三个深呼吸，停止头脑里所有的思考，把注意力集中在鼻子下方，感受自己呼吸的温热和湿润。再观察自己的感觉，身体的感觉，情绪的感觉，让注意力游动在身体的每一个部位，从头到肩膀，从胸口到肚子。在这个过程中如果走神了，没关系，把注意力拉回身体即可。

冥想最大的价值，是暂时停止头脑里的想法，因为与死亡有关的焦虑大多是头脑的想法。多和自己的身体觉知在一起，能够有效降低焦虑值。

和亲近之人在一起。内心充满恐惧时，他人的在场能让人回到当下的现实，重获内心的安全感。亲人关爱的眼神和身体语言，能让我们感到温暖和力量。如果还能倾诉自己的想法，并得到亲人的理解和共情，那么就更好了。

去到人群里。到熙熙攘攘的菜市场感受实在生活的烟火气，去学校的操场上看看孩子们纯真的笑脸，还可以参加合唱团、广场舞、舞台剧等团体活动，和别人在同一个空间，跟着同样的律动和节奏做同样的事情，感受群体的归属感和意义感能让人感到心理的满足，忘却头脑里的烦忧。

写日记。在日记里写下自己的恐惧和焦虑，写下头脑里冒出的任何想法、声音、话语，不假思索也没有任何停顿地写，一口气写完脑子里的所有内容之后，再回头来阅读那些文字，一方面能让人产生"我能控制住"的感觉，另一方面也能从相对理性的角度，来审视自己头脑里的想法。通常人们会有机会认识到，这些想法都只是想法，并不是现实，甚至有些想法根本就是臆想出来的，与现实大相径庭。这有助于提升人的现实感，就像给自己做了一次心理咨询。

整理房间。整理房间的动作就像整理自己的内心和想法，能够帮助人们从焦虑中暂时脱身，也能从头脑的想法来到身体的现实，即通过踏入现实感，找到对生活的安全感和掌控感。可以做一些断舍离，扔掉长期闲置的物品，也可以收拾抽屉，擦拭桌子。这些整理的动作会让人不得不放慢节奏，而慢下来的节奏能有效减少头脑里的焦虑想法。

运动。散步、跑步、游泳、健身都能让人把注意力从头脑转向身体。散步时观察周围的环境和他人，可以让人从内部世界的关注转向外部环境，随着视野范围的开阔，人的内心也会豁然开朗起来。跑步、游泳等有氧运动，会使大脑暂时停止思考，专注于身体的动作，多巴胺的分泌也能给人带来快乐的感觉，冲散或代替焦虑情绪。

自我对话。 找一个不被打扰的独处空间，舒适地坐下或躺下，深呼吸，让内心平静下来。然后跟自己聊天，比如：

问：你怎么了？你感觉怎么样？

答：我很焦虑，这种焦虑体现在身体上，是眉头的紧皱，是肩背的沉重，是腿部的紧绷。

问：为什么那么焦虑？

答：因为我很害怕，有一种死亡距离我很近的感觉，一想到我可能会死，我就无法再想下去。

问：你明知道一切都还好，为什么还是那么害怕？

答：我还有很多事没有做，如果现在就死了，我不甘心。

问：那些没有做的事是怎样的？

……

就这样自问自答下去，慢慢地，你会发现，你的死亡焦虑减轻了许多，直至彻底平静下来。

最后，**如果人们能够认识到，衰老和死亡只是人类创造的概念，而非事实本身，就能大大缓解对死亡的焦虑，也能更好地活在当下。**

"我"不只有身体，还有思想、心理和精神，即内在自我。身体会随着时间流逝变得虚弱，直至衰亡，可是内在自我却不会衰老，更不会死亡。一个八十岁的身体里，很可能住着三十岁的心灵（情况也可能反过来）。时至今日，我们依然深受孔子、孟子、老子的思想影响——古人的身体已经消失两千多年，可他们的精神意识却从未离开这个世界。从这个角度来说，解决死亡焦虑最好的方式就是去创造，去表达，去爱，给身边人带来积极的影响和力量。因为，我们的思想、心理和精神能在肉体消亡之后，通过爱和情感的连接，以一种无形的方式永永远远地延续下去。

虽然不容易，但是没关系

△学做不焦虑的自己

情绪具有传染性，焦虑会传染，平静也会传染。学会调节自己的焦虑，让自己处于平静稳定的情绪状态，这本身就有安抚家人的效果。

焦虑的来访者常告诉我，当他们焦虑得手脚发抖、语无伦次、一股脑地倾倒着自己的焦虑情绪时，我表现出的淡定、平静、耐心倾听，对他们有很大的疗愈力。"不是因为你说了什么，是因为你的样子，你的眼神，你的表情，你的语气，让我意识到问题没有我以为的那么严重，"他们说，"然后，我就觉得好多了。"

家人表达对外部环境和事件的焦虑时，若你能表现出一种自信豁达的态度，用坚定的眼神和语气告诉家人："事情都能解决，不需要担心，没有问题，有我在，我能搞定"，就能在很大程度上安抚他们。当人陷入浓度过高的焦虑情绪时，会暂时失去现实检验的能力，被灾难性的想象充满。此时增强他们的现实感，做一些能让他们回归理性的事，是一种有用的做法。

新冠疫情期间，关珉看到社区公布的确诊人员行踪里，竟包括他曾经去过的医院，并且是在同一天。他立刻就被高浓度的焦虑笼罩，慌得在屋里到处转，不停地冒冷汗。他的妻子得知后帮他推算了一下时间，非常冷静地告诉他："那天距离现在都17天了，这么长时间，全家没有人感冒发烧，也没有任何的不舒服，说明我们都没有问题。不要害怕，要相信我们的免疫力。"关珉立刻冷静下来，仔细一想确实是这样，很快就好多了。

人在焦虑时会有很强的倾诉欲，脑子里还被各种问题充满，这时若能畅快淋漓地说话，就能有效缓解焦虑的情绪。

在新冠疫情期间，如果你是一线的医务人员，或你所在的行业因疫情而停产减产，家人势必会为你担忧，从而产生诸多可怕的想象。此时若你能倾听家人的焦虑，邀请他们表达自己的想法和感觉，并认真回答他们关心的问题，提供一些能增强现实感的信息，比如告诉家人你的工作防护如何严密，工作行程和安排如何有序，以及你下一步的工作计划，打算如何应对目前的局面，怎样解决问题等，对他们来说会是很大的安慰，也能让他们感受到爱的流动，提升家人之间的情感纽带。

但这并不意味着你要在家里做一个假人，否则家人会认为你在强装笑颜，反而会让他们进一步想象事态的严重性。你完全可以告诉家人，其实你也有焦虑，有时候你也会感到不安，但你相信自己有能力渡过难关，你也相信他们会信任你，支持你，"只要我们都平平安安在一起，就没有什么事情过不去"，这种坦诚开放的态度能让家人感到，虽然你也焦虑，却依然能给他支持，给他力量，这样便能激发家人的勇气和力量，开始积极地面对生活。

如果因为疫情发展，你所在的小区被封闭，或者你和家人有感染病毒的风险，不得不进行自我隔离，抑或更严重的，你的家里已经出现了感染者，不得不进行医疗干预。家人因此感到焦虑恐慌,是很正常的情绪反应,应学会调节情绪,有效应对这些变化。此时,转移注意力是应对焦虑情绪的好方法。和家人一起看有趣轻松的影视剧,听听欢快的音乐,聊一些和当下社会大事件无关的话题,去户外视野开阔的地方走走,还可以烹饪美食,收拾屋子,对卫生死角进行大扫除等等。总之,去做那些能投入其中、可以暂时忘掉焦虑的事。

还可以带领全家人一起做能缓解焦虑的小游戏,比如:

双手叉腰,目视前方,双脚分开,与肩同宽,稳稳地站好,然后轻轻向上蹦一下,双脚离地的同时,嘴里大喝一声"哈",然后大声说:"我不怕!我不怕!我什么也不怕!"

小孩子会很喜欢这个游戏,成年人玩起来也会很开心。你会发现,当你喊完"我不怕",心里会油然而生一种力量,真的就没那么怕了。

最后,相信,是非常重要的心理能力。

相信,即相信一切都会过去,相信情况会慢慢好起来,相信人类天生的适应和自我调节能力,相信自己有能力应对(忍耐)眼前的状况,相信国家和政府的管理能力。这种相信,是帮助人们走过一个又一个困境的心理资源。

△ 变化无常才是生活的真相

人类天生就对未知和不确定充满恐惧，所以我们才会努力研究物理、化学、天文和地理，不断寻找世界的规律。早上太阳会从东方升起，到了傍晚一定会在西方落下。下雨了，地面就会湿滑，下雪了，天气就会变得寒冷。对这些规律了然于心，不但可以让我们根据已知的情况——下雨了就带把伞、寒冷了就穿棉衣——有秩序地安排生活，还能调整心理上的预期——下雨就是湿乎乎、寒冷就是不舒服——不至于带着心理的压力去生活，使得一切都在掌握之中，让生活趋向自由和轻松，让人们感到踏实、稳定和安全，体验到身为人的尊严感。

我们本能地渴望控制自己，控制自己的生活，因为我们生活的这个世界非常随机，杂乱无章，毫无逻辑可言。所有的历史教科书都告诉我们，人类的历史充满偶然性，在昨天成为历史之前，没有人知道昨天影响了什么，在明天到来之前，也没有人知道明天会发生什么。这就意味着，我们必须一边尽力掌控能掌控的，让生活趋于稳定和秩序，一边又必须学会与未知和不确定共处，要么忍耐，要么创造，要么顺势而为。

如果小廖和阿黄能提前预知2020年春节会暴发新冠疫情，小廖一定会提前筹备还房贷的资金，阿黄哪怕再想圆梦，也会延迟自己开餐厅的计划，我们中的很多人，也都会提前调整生活和工作安排，最大程度上降低疫情对自己的影响。然而现实的情况是，大部分人都和小廖、阿黄一样，不得不硬着头皮接受生活的

虽 然 不 容 易 ， 但 是 没 关 系

打击：亲人离世，婚姻解体，经济危机，前途渺茫，生活质量下降……而且没有人能告诉我们，这种情况将持续多长时间。

世界上哪有"如果"这回事呢？我们都只能等事情发生了，才不得不调整自己的节奏，应对这个所有人都未曾经历过、没有经验可借鉴的局面。

此时最能帮助我们渡过难关的是提醒自己认识到：

变化即无常，这是生活的真相。

我们的世界就是这样。它是不稳定的，不确定的，随时都会变化的，承认并接受这个变化，忍耐暂时的失序感，学习与变化共处，甚至把这种变化发展为自己可使用的资源——疫情期间，很多曾经排斥视频咨询、贬低视频咨询效果的心理咨询师，不得不把工作搬到视频上，然后发现，只要设置得当，网络视频的心理治疗效果并不比面对面的差，对有些来访者而言，网络视频的治疗效果甚至还更胜一筹。

古希腊哲学家通过"太阳每天都是新的""人不能两次踏进同一条河流"等哲语来告诫世人：

一切皆流，无物常住。

万事万物都不是绝对静止和不变的，一切都在不断地变化、产生和消逝。越否认这个事实，越逃避面对，人的痛苦就越加倍。

事实并不会因为我们不去看，不去想，就凭空从这世上消失，或自动变成理想的样子。所以，越早面对真相，就能越早捋顺思想和内心，进而越早生出力量，创造自己想要的生活。

有些人并非不愿意面对真相，而是害怕面对，无法忍受因未

知和不确定带来的焦虑情绪。因为他们经常过于低估自己，被一种"我受不了"的想法控制，过于"包庇"自己，不让自己去经历生活的丰富性和复杂性，拒绝锻炼直面真相和忍受痛苦的能力，因而进入一种恶性循环的怪圈：

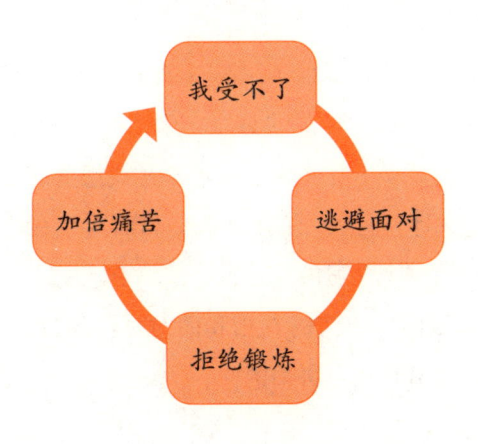

```
        我受不了
       ↗        ↘
  加倍痛苦      逃避面对
       ↖        ↙
         拒绝锻炼
```

面对真相、解决问题、容受负面情绪，可以统称为心理能力或者心理的韧性。心理能力（韧性）是可以锻炼的，为了创造幸福富足的生活，也很有必要进行自我锻炼。每个人的心里都有一个弹性口袋，由于各种创伤性的原因，有些人的口袋非常小，每当困难的感受来临或者面对某些困难的境地时，他们就会自动化地把口袋藏起来，不去看那些困难，采取回避的策略。如此一来，生理年龄日渐增长，心理承受能力却一如往昔，也就是说，心里的口袋还是那么小。

要打破这个怪圈，只需改变"我受不了"的局限性信念，相信自己的承受能力，试试看面对所有一切（慢慢把心里的口袋撑大），锻炼自己的心理能力，逐渐在面对事实真相时不再感到痛苦（心里的口袋越大，承受能力就越强），而是能平静地承认和接受。

比如常常告诉自己：

无论我看，还是不看，真相一直都在那里，不会因为我不看，问题就消失；

无论我承认，还是不承认，都不能改变那个真相本身；

这是每个人成长过程中的必经之路，根本就绕不过去的，一天不面对，生活就多卡住一天，这可不是我想要的状态；

我要试着相信自己，有能力承受和面对生命中所发生的一切，我要给自己一个学习的机会；

我深深知道面对生活的真相和面对真实的自己，并不会死。既然不会死，还有什么可害怕的呢？

△ 回归平静的自然疗法：冥想、针灸、太极拳

先来讲三个我的亲身经历。

儿子五个月大时，我的奶水忽然变得很少，连续两天，每到傍晚，孩子都会饿得哇哇大哭。小家伙也是倔得很，宁可饿着也不肯喝奶粉。实在没办法，第三天下午，我去中医馆接受了针灸疗法。针灸治疗结束后，我感到身体轻快无比，心情也很舒畅，愉快地回到家中。当天傍晚，奶水不足的情况没有再次出现，孩子饱餐了一顿，很满意地被抱出去玩了。

另一个经历发生在更早之前，和太极拳有关。

我曾经被便秘困扰很多年，一直反复，尝试过各种食疗、药疗，效果都不能稳定持续。直到2009年，我决定辞去工作，全职学习心理学，从那时起不再需要通勤上班，我加入了小区里大爷大妈的行列，每天早上跟着他们打太极拳。当时我看了很多心理学的书籍，所以在打太极拳时，我会刻意把注意力贯注在身体上。仅仅一周之后，便秘的问题竟然自行好转了。

第三个经历和冥想有关。

在认识自己的过程中，我一度走到哲学探索的道路上，好处是通过阅读先哲们的著作，可以深入思考某些问题，使内心的混沌有所明晰；坏处是会进入思维的误区，在面对情绪问题时，也倾向于用思考而不是回归感受本身。学习了心理学之后，我开始尝试冥想。从最开始的十分钟到二十分钟，直至每天冥想一个小时。长时间的冥想让我较多地体验到平静的力量，认识到身体和

情绪之间的联系。某种程度上来说，是冥想的练习和经验所得促使我在2014年写了《成长，长成自己》这本书。

以前，我很少把这三段发生在不同时期的经历联系起来思考，后来在创伤治疗大师Bessel的课程里，我听他屡次讲中国的气功、针灸和太极拳对创伤治疗的意义，才开始回想这些发生在我身上的事，并思考这些运动对人的意义。

在过去的书和文章里，我总是反复建议读者想办法让内心回归平静。我告诉人们，内心平静的时刻越多，思维就越容易清晰，也越容易感知到真实的当下，就越容易感到安全，感到自我的力量，进而有能力调节身体和情绪的感觉。我如此笃信自己的观点，一是我亲身检验了它的效果，在这个过程中颇有获益，二是我也把这些发现使用在工作中，并亲自见证了来访者们的发展和成长。

如果把观点和方法比作种子，那么身体和心灵就是土壤。要让种子生根发芽，为内在的自我带来生机和力量，就要让身体和心灵足够柔软，放松，有让种子呼吸的空间。冥想、瑜伽、太极拳等所有能让人把注意力贯注在身体和呼吸的运动，都有助于清空头脑里的想法，让身体和心灵的土壤变得安定，变得柔软，能够安于当下，让那些积极的因素——有价值的思想、观念和方法——有空间去滋长，有缝隙去呼吸，然后慢慢伸展长大。针灸疗法有着类似的原理，通过刺激身体的关键穴位，身体内部的气血自由通畅了，情绪也随之得到疏解。当身体和心灵不再紧绷，人就可以调和自然的本能，依循生物规律去运作了。

对中医和自然疗法带有偏见的人，可能只是道听途说别人的负性经验和看法，自己却没有真的尝试过；另一个原因是，他们不信任自己，不了解身体的智慧，所以才会一出现抑郁焦虑，就立刻跑去精神科要求吃药。希望人们认识到，因失恋、丧亲、性格特质、工作压力、新冠疫情导致的抑郁和焦虑，除了药物，还有针灸、冥想、太极拳、写日记、芳香治疗、安全的倾诉等自然疗法。

△ 想象力决定你的幸福能力

每每说起我童年的趣事，我母亲最常提及的是"什么机都有"。

那时我还在读小学，母亲想教我做家务，可我总也没兴趣，经常是瞎糊弄几下就跑出去玩，或者躲着看书。母亲就吓唬我说："你什么都不会做，将来嫁到婆家去，会被婆婆赶出来的！"我回答她说："不会，等我长大了，会有蒸馍机、做饭机、洗碗机，还有扫地机，什么机都有！用不着自己做。"

"你可真敢想，"母亲慨叹着说，"现在果然什么机都有，厉害呢。"

我没有告诉母亲，想象是人类与生俱来的能力，是所有小孩子的本能。就让她继续为自己的"预言家女儿"得意吧。

对成年人来说，想象力可以作为评估心理健康的标志之一。

梦，就是想象力的产物。那些声称从不做梦的人，其实并不是没有做梦，而是完全不记得自己的梦。我们可以说，他们距离自己的潜意识比较远，也可以说，心理创伤限制了他们的想象力，让他们无法通过做梦来描绘自己的内心世界，整合自己的欲望和攻击性。

自由联想，是精神分析疗法最常用的技术，它要求来访者让思绪四处翱翔，说出进入脑海的任何想法和画面，并对这些内容进行任意的联想。然而，这个技术完全不适用于那些遭受过严重心理创伤的来访者，因为他们更多的时候会感觉头脑一片空白，没有任何想法或画面，即便真的想到什么也无法使用隐喻、象征等方式进行联想和分析。对这些来访者，在咨询初期，需要心理咨询师尽可能地放弃言语交流，用非语言的方式来工作。

想象力不足对一个人的影响并不是能否写出优美的诗篇，也不是能否使用精神分析疗法，而是敢不敢去设想美好的生活，能不能告别过去的创伤，让崭新的积极正向的体验进入自我意识。被强迫性重复所困的人们——李平、车小波等——之所以反复被创伤，其中一个原因就是他们无法想象自己也可以像很多人一样，遇到温暖稳定的人，被很好地对待，过着踏实幸福的生活。可怕的童年经历改写了他们感知自己和感知环境的方式，也损伤了他们想象美好的能力。

想象力是可以培养的。

在咨询中，有时候我会问来访者："如果明天早上醒来，生活发生了奇迹，一切问题都不见了，你可以完全按照你的想法去安排你的生活，在法律和道德许可的范围内，你的所有愿望都能实现，你是完全自由的。在那个时候，你会希望自己是什么样的人，过着什么样的生活？"

有些人会发现，他想象中的美好生活实现起来并没有他以为的那么难；有些人则会发现，他只敢想象在限制条件下的某些场景；还有一些人，面对这个问题只感到焦虑不安，无法去设想任何内容。人们想象了什么并不是那么重要，而是通过这个想象练习，能够增进对自己的了解，也能作为进入美好生活图景的开始。

从现在开始，把这句话植入你的内心：

世间无绝对，万事有可能。

经常任由自己去想象吧！想象对你来说最理想的生活是什么样的，在什么地方，跟谁一起，做着什么，拥有什么，是什么感觉。想得越具体越好，最好还能拿一个本子把你想到的所有图景写下来。如果你擅长画画，能配上图画就更好了。

下一步，看着你想象出来的美好生活，不断询问自己如下问题：

在过去，是什么在阻碍我过上我想要的生活？

现在做些什么，我就能向这个愿景走一步？

为了让下一步走得更好，我现在可以做些什么样的准备？

我还欠缺什么样的能力？

我身边是否有可使用的资源？

接下来，你需要做的只是聆听你的内心，等待你的答案慢慢浮现，然后去行动，一步一步靠近你想要的生活。请你相信，只要你想清楚了，坚定自己的愿景并开始去行动，所有对你有益的人，包括冥冥之中的天意，都会逐一降临你的身边，帮你走到你心中所想的地方。

后记
写给勇敢生活的你

2021年1月26日，美国约翰斯·霍普金斯大学发布的新冠疫情统计数据显示，全球已有1亿人感染病毒，其中死亡病例超过200万。但有人猜测说，实际的感染人数可能远高于1亿——因为人口大国印度的媒体报道说，印度首都新德里地区1月份针对新冠病毒的第五轮血清抗体检测显示，首都新德里平均每2人中，就有1人检测结果为阳性，即曾经感染新冠病毒。

这些数据是非常惊人的。新冠病毒带来的诸多影响，很可能会成为人类历史上的重大事件，为史学家所铭记和研究。

就目前的病毒传播速度和疫苗生产速度来看，可能在很长的一段时间里，新冠肺炎病毒会成为我们生活的一部分，抗击疫情，逆风而行，也将是我们生活的常态。那意味着，过去的生活方式，可能将长久地属于过去。我们要及时调整认知和心态，以新的视角，新的节奏，投入到当下的生活中，继续日常的喜怒哀乐，继续丰富美好的人生。

而事实上，调整自己以适应不确定的变化多端的自然环境，一直是中国人的强项，这个本领，可以追溯到公元前的上古时代。

《庄子·天运》记载道，孔子访问老子回来，对弟子形容说："吾乃今于是乎见龙！龙，合而成体，散而成章，乘云气而养乎阴阳"。意思是说，我今天似乎是见到了龙。龙，合在一起就成为一个整体，分散开来，又成为华美的文采，乘驾云气而养息于阴阳之间。

这个记载向我们透露的信息是，起码在孔子的时代，龙更多是一种精神境界的象征，尚未有具体的形象。"宇宙是自然产生、自然演变的过程，天地万物无时无刻不在依循自然规律发展变化"，在孔子看来，老子的这种思想，就像龙一样玄妙，像龙一样精深，像龙一样出神入化，变化无穷，具有无限的意蕴和思考空间。

后来，古代先人选择并创造了龙的形象，把"龙"从无定形的变化之神，逐渐变成皇权的象征，又成为中国人的精神图腾和自我认同（我们自称"龙"的传人），并不是毫无缘由的。一切看似偶然的事物，都有必然的物理和心理逻辑。

中国文明的发展，最初是以黄河为中心，聚居大量人口，从事稳定的农业生产，壮大之后，再逐渐向四周发展开去。因为早早形成了农业思维，所以中国的地理和气候条件，注定了我们会成为农业国家。

农业生产，就是靠"天"吃饭。然而，"天"的主要特点就是未知和不确定，是随时变化，是无法捉摸。正是这种地理环境和生活生产习惯，孕育了老子和他的《道德经》，促使我们创造了"龙"那神秘多变的形象。仍然是这些因素，让我们总结出"三十年河东，三十年河西"的俗语，并对"沧海桑田、斗转星移、白云苍狗"产生很深的慨叹。可以这么说，几千年来，"唯一不变的就是变化"，早已根植中国人的集体潜意识，这恐怕就是中国人善于忍耐，有超强的服从性和适应性的原因所在。

我们赖以为生的"天"，是风调雨顺，还是旱涝不均，全看"天"的心情。

"天"，仿若变幻莫测、神秘无常的龙，从不跟随人的个人意志——我们称呼黄河为"母亲"，可是这位"母亲"，想改道就改道，想决堤就决堤，根本不管孩子们的想法——在这样的自然和文化环境下长大，大多数中国人在面对困难和挫折时，都倾向于改变自己，去适应环境。

任何性格特质都有两面性。积极的特质里，必然隐藏着消极的一面，消极的特质里，当然也包含积极的方面。只视乎我们如何去看待，如何去使用。在外部环境比较平稳时，中国人的忍耐力、服从性和适应性，可能会妨碍创造力和活力的迸发，限制生命力的鲜活和盛放。可是，当面临人力无法左右的环境威胁时，这种倾向于自我压缩的民族性格，反而会释放出令人惊叹的精神力量。

当新冠病毒疫情来临，人们能够暂时忍耐生活的不便，积极配合官方的抗疫检验工作和隔离制度，用一种乐观幽默的态度（疫情之初，网民们在朋友圈掀起数大米、数头发、数地板砖的娱乐活动），应对病毒危机带来的诸多不便。仿佛这非但不是什么苦处，还变成了有趣的人生体验。

非但如此，疫情当前，中国人还把仁与和发挥到极致。医护人员、基层干部、社工、志愿者等抗疫团队不辞劳苦地工作，普通群众也被激发出同舟共济、患难与共的共识，主动自我约束，尽可能减少人员聚集活动。"不给社会添乱""不占用公共资源"

虽然不容易，但是没关系

成为网络上的常见用语，在居家隔离期间，邻里之间守望相助的新闻，不时温暖人们的心。

"患难之际见真情，危急时刻见人品"的俗语，其实蕴含充分的心理学规律。外部危险带来的心理冲击，会让平时用以平衡的自我暂时失去功能，超我和本我就不得不暴露出来，自行去做他们认为应该做的事（就像是酒后吐真言）。在中国人的精神底色里，超我强大到其他文化的人无法想象的地步。比如同样都是地球发生灾难的科幻故事，外国人的故事着力点是星球移民或奋力保护家人，而中国人的故事核心，却是联合所有人和资源，齐心协力改变地球的命运。前者是让本我出来活动，后者则是调动超我的力量。

这种集体潜意识里的超我力量，一方面是来自农业社会的生活惯性，我们不轻易迁徙，而是倾向于靠山吃山，靠水吃水，即适应和改造环境。另一方面则是儒家文化的精神熏陶，即仁与和。孔子给予老子很高的评价，却从未停下对自己思想的建构和传播。或许在他看来，正是因为"天地不仁，以万物为刍狗"，作为有生命有情感有主观能动性的人，我们才要去发展仁爱之心，通过爱与情感去连接他人，构成聚居的社群，组织强大的合力，以集体的智慧和力量，去应对不确定的随时变化的充满挑战的气候和地理环境，提高人类繁衍生存的概率——这正是中国文化绵延几千年，哪怕遭受重击，也从未中断的根本原因。

如今，新冠病毒疫情的发生，只是让我们再次回归先祖构建的文化和潜意识体系，回到最初的仁与和，集合全国人民的能力、智慧和资源，一起面对困难，赢得这场看不见的战役。此时作为普通人,我们一方面可以通过认同自己的国家和民族,为自己注入精神的力量,树立起对未来的信心和希望;另一方面,也要努力稳住自己,尽可能地维持生活秩序,让情绪和内心处于平衡的状态(关于这个部分,本书为读者提供了大量方法和理念)。

提高自身的免疫力,加强内部力量,就能防止外邪的入侵。这个原理,无论是身体和心理的健康,还是一段关系或一个国家,都是适用的。让我们一起来祈愿,无论是当下还是未来,无论遇到什么样的困境和挑战,大家都能同心协力,同舟共济,同心同德,共同应对所有那一切,并在这个过程中,继续去爱,去享受生活,体验身为人的尊严和价值感。

声明: 书中人名皆为虚构,所涉案例也经过严格的技术处理,由多人故事和特点凝缩而成,并非具体的个人故事,请读者不要对号入座。

心灵 ♥ 对话

虽然不容易，但是没关系

了解自己，学会和自己相处，并发展你与生俱来的天赋，是所有人必备的心理能力。

虽 然 不 容 易 ， 但 是 没 关 系

在这个世界上，爱你和照顾你的第一责任人，是你自己。

005

虽 然 不 容 易 ， 但 是 没 关 系

一个人的内心世界，就像是大海，他的生活愿景，则像是轮船。若海底暗礁密布，海面惊涛骇浪，又丢掉了航海图，那么彼岸就只能是一个遥远的梦。

虽 然 不 容 易 ， 但 是 没 关 系

放开你的想象力，尽情去想象你想要的生活图景。只要你敢想，同时敢于持续行动，这世界就敢帮你实现。

你只是需要给自己一个允许。允许自己幸福，允许自己成功，允许自己的情绪自然流露，允许自己做一个真实的人。

虽 然 不 容 易 ， 但 是 没 关 系

慢就是快，每一条路都能通往你想去的地方。你要做的，只是给自己时间和空间，聆听内心的声音。

虽 然 不 容 易 ， 但 是 没 关 系

放下那些"应该"，多体会你的感受和需要，让你的心引领你。

虽 然 不 容 易 ， 但 是 没 关 系

当你学会爱自己，全世界都开始向你微笑。

虽然不容易,但是没关系

太过于在乎别人的看法,本质上是试图通过控制他人的感觉和反应,来让自己的内心保持稳定。若你洞悉了这一点,或许就能开始把眼睛看向自己。

虽 然 不 容 易 ， 但 是 没 关 系

爱与被爱，是所有人类共同的渴望，也是抵达幸福和满足的唯一路径。

虽然不容易，但是没关系

做自己的好朋友，从现在开始，为自己做那些你渴望别人为你做的事吧！

虽然不容易,但是没关系

有一个悲惨的童年,并不会必然导致悲惨的生活。在这个世界上,有很多人都在慢慢疗愈,努力创造,最终成为自己生活的主人,你也可以。

虽 然 不 容 易 ， 但 是 没 关 系

不同的人，有不同的成长方向。对于有些人来说，学习去依赖别人，是非常困难的事。那困难的程度，不亚于另一些人学习如何自我依赖。

虽 然 不 容 易 ， 但 是 没 关 系

　　与自己和解，意味着接受自己的不完美，也接受自己偶尔会给别人带去麻烦和负担。做到这些并不容易，但这是所有人一辈子的功课。

虽 然 不 容 易 ， 但 是 没 关 系

没错，这就是现在的我，就这样吧。我已经做得很好了，至少我还爱着自己，今后我还会更友好地对待自己。

虽 然 不 容 易 ， 但 是 没 关 系

感觉痛苦，并不是错误，也不是无能的表现。你会有这样的想法，只是因为在过去，你惯于通过控制自己的感觉，来让脆弱无助的内心保持稳定，也因为在你的身边，缺少一个能够理解和支持你的人。

虽然不容易，但是没关系

你觉得自己过于敏感矫情，想法奇怪，是因为你在精神上有很深的孤独感。去找到能和你同频互动的朋友，和他们进行深度的心灵交流，能让你的感觉好起来。

虽然不容易，但是没关系

仅仅为自己而活，是狭隘的，也会人感到心灵的空虚。在照顾好自己的基础上，尽力地去爱，爱他人，爱世界，将更能让你体验到生而为人的充实和美好。

虽然不容易，但是没关系